ドリみドリの
よりトリビューン
（特別席）
トリがとぶ！
ダジャレがとぶ！
親子で楽しく
まじめに読める
ダジャレまじりの
トリのお話

川堀泰史［著］

JN094522

育出版社

トリあえず（はじめに）

みなさん、トリはお好きですか？　ではダジャレはどうでしょう。お好きですか？

突然、こう聞かれても困ってしまいますよね。「好きかどうかよりも、だいたい何でトリとダジャレが出てくるの？　トリとダジャレは関係ないでしょ！」と疑問に思う方も大勢いらっしゃるでしょう。

実はトリとダジャレは、わたしが好きなもの同士という関係なのですが、やはり何かおかしな「トリ合わせ」ですかね。

しかし、わたしはこのおかしなトリ合わせの、トリとダジャレが好きなおかげで楽しく充実した人生を送ってこられました。

わたしにとっては「おかしな」ではなく、すばらしいトリ合わせなのです。

人が心地よく暮らしていくには、自分が安心できる領域、場所を持つことが大切だと思いますが、わたしの場合はそれがトリとのふれあい、ダジャレによる笑い、つながりだったような気がします。

強いてトリとダジャレの関係をあげれば、どちらも「とぶ」ということでしょうか。もちろんとばないトリもいますし、とばないダジャレもありますが……。

実はこの「とぶもの同士」のトリとダジャレの相性はとてもいいのです。わたしのようなダジャレ好き、ダジャレの使い手にとってトリは格好の材料、ネタなのです。

わたしもこれまでに何度もトリネタのダジャレをとばして笑いの仕かけにトリ組んできました。「このトリ肉の料理はすべってトリにくいからトリ分けられない」とか……。

本書にもトリネタのダジャレがふんだんに盛りこまれています。

わたしは子どものころから冗談（じょうだん）やダジャレが好きでしたが、自称（じしょう）、ダジャレクリエイターとして本格的に（注1）「笑談力（しょうだんりょく）」を磨（みが）きはじめてから約50年が経ちます。一方、「トリのトリコ（虜）」になってからは、もう少し長くて約60年になります。

好きなダジャレについてはおかげ様で三冊の本を出せたのですが、もう一方の長いお付き合いのトリについてはまだこれと言ってまとめた本はありません。60年間、好きでお世話になりながら、自分なりにトリについて「トリまとめたもの」がないのがずっと気になっていました。

そこでトリについて、わたしの得意ワザのダジャレをまじえながら、楽しく、しかし、まじめにまとめようとした結果が本書になりました。

わたしとトリとの関係についてはこのあとじっくりとご紹介（しょうかい）していきますが、みなさんはトリとはどんな関係にありますか？

と、これまた聞かれても困ってしまうかもしれませんが、みなさんの中にもわたしと同じようにトリが好きで、いい関係にある方はかなりいらっしゃると思います。

例えば、「トリがかわいいから飼っている」とか、「トリを見る、バードウオッチングが好き」とか、「トリが鳴くきれいな声にひかれる」とか。

一方で、「トリはきらい」とか「トリとは関係がない」という人もいるはずです。

でも、ちょっと待ってください。

本当にあなたはトリとはまったく関係ないですか？

トリ肉やタマゴを食べたことはなかったかしら……。

「トリ肉やタマゴは苦手で食べない」という人でも、「ケーキやマヨネーズが大好き」かもしれません。となるとケーキやマヨネーズにはトリのタマゴがたっぷりと使われているので、「トリとはまったく関係ない」とは言えなくなってしまいますね。

そうして考えてみると、「トリとは関係なく生きている」と堂々と言える人は、この地球上ではあまりいないような気もします。

われわれは「トリとは関係がない」どころか、「トリには大変お世話になって毎日を暮らしている」のです。トリの命をいただいて自分の命をつないでいる人も多いわけです。

わたしもトリとは子どものころから関係、ご縁がありました。

第1章、第2章で詳しくご紹介しますが、トリとの交流、トリとの思い出の自分史＝トリ歴があります。父親の影響もあってトリを飼い、トリを観察し、トリの声を聴き、トリから学び、親しんできました。トリに感謝しながら命もいただいてきました。

トリ大好きで60年。70歳を過ぎた今でもそれが続いています。

鉄道マニアは鉄道への関わり方、行動パターンによって「乗り鉄」とか「撮り鉄」とかの自称、他称があるみたいですね。親子で鉄道にはまっているファンも多いようです。

そうした行動パターンに習って言えば、わたしはトリを見る＝バードウオッチングを楽しむ「みドリ」だったり、さえずる声を聴くことにひたる「きドリ」だったり、トリの本を読むのが好きな「よみトリ」だったり……。

「みドリ」などは、いろいろな種類のトリをたくさん見たいから「よりドリみドリ」になっています。

新型コロナウイルス禍で人と人との交流が制限される中、安心して自然、トリとふれあいバードウオッチングを楽しむ「みドリのおじさん、みドリのおばさん」が増えているみたいです。わたしもその、みドリのおじさんのひとりです。

こうしてトリに関する文章も書いているので、わたしは「かきトリ」もやっています。

このところトリを飼っていないので「かいトリ」ではありませんので、「トリ来（こ）し苦労」はしていません。

トリに親しみを持って行動していると「トリがすばらしい生きもので、いろいろと学びが多い存在」であることに気付かされます。トリは昔から今日に至るまで、日本はもちろん、世界中の人々の暮らしの中で生き、身近な存在であり続けています。わたしたちはトリからいろいろなことを学び、文化、芸術などの分野でも大きな影響を受けています。

第4章、第5章でご紹介しますが、トリと人とは深い関係、長いお付き合いをしているのです。トリが人にもたらしてくれた知恵、知識は数多く、取り（トリ）あげればきりがないぐらいです。

特に博物学者でナチュラリストのW・H・ハドスン[注2]や動物行動学者のコンラート・ローレンツ[注3]のような優れた学者が書いた本を「よみトリ」した時などは、中身が濃くていろいろなことを学べます。詳しくは後ほどご紹介しますが、わたしはハドスンからは「トリのさえずりの魅力」や「トリの友情」などについて、ローレンツからは「ソロモンの指輪」などについて多くのことを学びました。

わたしがトリに関して見たり、聞いたり、読んだりしたことは、優れた学者が教えてくれること、偉業に比べれば、取るに足らない「トリビア[注4]＝雑学・豆知識」的なものです。

また日々、トリについて地道に、腰をすえて調査、観察、研究を続けている方々のご努力、成果に比べれば伝聞的な、中身のない、薄っぺらなものかもしれません。

それでもトリについて学び、知識が増え、視野が広がるのはとても興味深いことです。

「トリからの学び」は受け取る姿勢によっては、「雑学・豆知識（トリビア）」の域を超え、「ハッと気づかされるサトリ」が訪れる場合もあるのです。

鳥の目で物事を俯瞰できる「鳥瞰」が身に付き、「トリから見えてくること」が増えるかもしれません。まさにトリから見える景色＝「トリ・ビュー（view）」です。

特に最近は魔法の道具＝スマホが登場したことで、情報に深さと広さを加えることが可能になりました。スマホをうまく使うことでこれまでにない展開、情報価値の向上が図れます。

定年退職して自由な時間ができ、「みドリ」などでトリとの交流を続けているうちに、トリのすばらしさを、感謝と私の得意ワザのダジャレをこめてみなさんに楽しくお伝えしたくなった次第です。お父さん、お母さんはもちろん、子どもさんも「トリについて楽しくまじめに読める本」を目指しました。

小学校で習わない漢字には極力、ふりがなをふりましたが、それでも中にはちょっと難しい表現や事柄（ことがら）もあります。それについてはお父さん、お母さんから説明していただければ子どもさんの理解も進みます。「トリがトリもつご縁」で「親子の絆（きずな）」も深まることでしょう。

もし子どもさんが読むのが難しい章であれば、「トリはずし、とばして」いただいても結構です。第7章のあとに、バードウオッチングをしている中でわたしが思い付いて創作した、子どもさんも楽しく読める「楽しいトリの友情物語」[注5]も収録しています。子どもさんにはこの巻末の「楽しいトリの友情物語」だけを読んでいただいても結構です。

読者のみなさんがすでにご存知の内容もあると思いますが、本書がトリとダジャレに興味を持っていただくきっかけになってくれればうれしい限りです。

今、トリの中には人間の思いやりのない行為（こうい）、なせるワザによって「絶滅（ぜつめつ）の危機」「あぶない状況」に直面している種が数多くいます。すでに絶滅してしまったトリもたくさんいます。地球上では「新参者の人類」（注6）が、大先輩（だいせんぱい）である鳥類の存在をおびやかしているのです。人がトリを襲（おそ）うことはいくらでもありますが、トリが人を襲うことはほとんどありません。

これだけお世話になり、恩恵（おんけい）を受けている人間は今こそ、大先輩であるトリの強い味方、保護者にならなければいけません。「鶴（つる）の恩返し」（注7）ならぬ「人の恩返し」が必要な時なのです。今こそさんざんお世話になってきたトリのよさを改めて見直す時なのです。

ぜひ本書をお父さん、お母さん、そして地球の未来を担う子どもさんにお読みいただき、「トリのよき理解者、保護者」になっていただければ幸いです。

トリ好き、ダジャレ好きのバードウオッチャー、みドリのおじさんのわたしが、かなりまじめにまとめたトリのお話、「トリがとぶ！　ダジャレがとぶ！」「よりドリみドリのトリビューン（特別席）」にみなさんをご招待します。ぜひ楽しく「とんでる気分」でご覧ください。

Contents

第3章 トリはなぜ鳴くのか 59

第4章 トリと人 I ― トリへのあこがれ 87

第5章 トリと人 Ⅱ ― トリの恩恵 117

第6章

トリと神仏 143

第7章

トリがあぶない！ 173

特別収録

《楽しいトリの友情物語》 201

第1章

トリとわたしⅠ
—子どものころの景色

父のとりなしで「トリあり」の毎日

よりドリみドリのトリ観察

[コラム トリせつ] ①トリの起源

「トリあえず（はじめに）」でもふれたように、わたしがトリとお付き合いをはじめてからもう60年以上が経っています。その中でわたしがトリに関して学んだ「豆知識（トリビア）」は数多くあります。

それらをだらだらと「トリとめなく」ご紹介すれば、みなさんも退屈してしまうでしょう。

そこでわたしが実際に体験したことや、読んだ本で印象に残ったことなどを中心に、具体的なトリの種類をあげながら、わたしなりの「トリ放題」をまとめてみます。

まずは子どものころの体験記、トリ歴、景色を見てみます。

父のとりなしで「トリあり」の毎日

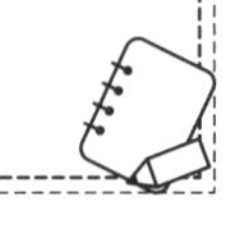

わたしは小学生の子どものころからトリとよく交流してきました。これはトリ好きだった父親の影響です。トリを通して父からいろいろなことを教わりました。父からの働きかけによってさまざまなトリに興味を抱きました。父がいい方向に「トリなし」てくれたおかげで「トリあり」の毎日でした。

「トリなし」なのにトリに恵まれて「トリあり」なのもおかしいですね。

メジロ ― イチ押しの目白押し

メジロという野鳥はご存知でしょうね。スズメより小さな小鳥で背中がお抹茶（まっちゃ）のような黄緑色、目の回りに白い輪（アイリング）があります。この「目の回りの白い輪」がメジロの名前の由来です。季節にもよりますが日本各地で確認できる留鳥（りゅうちょう）(注8)です。和歌山県や大分県では県のトリに指定されていますね。

ちなみにメジロの仲間には小笠原（おがさわら）諸島の母島列島にのみ生息する、絶滅危惧種「メグロ」(注9)もいます。東京の地名に「目白」、「目黒」がありますが、こちらは目の回りに黒色斑（はん）があります。こちらはトリとは関係なく、江戸時代に置かれたお不動さま（不動明王）からきています。すみません。話がとびました。

メジロはハナスイの異名も

メジロは庭にあるツバキやサクラなどの木の花のミツを吸ったり、カキやミカンなどの果物をつついたり、甘いもの好きです。「ハナスイ」の異名もあります。一年を通してよく見かけるかわいい野鳥です。

オスはさえずりが上手で、日本では昔から各地で鳴き声を競い合わせる「鳴き合わせ会」が開かれてきました。

冬は平地で群れて行動することが多く、木の枝にメジロがくっついているこみ合った状態を「目白押し」と言います。「押しくらまんじゅう」ですね。冬の寒さを「集（中）暖房（だんぼう）」でしのいでいるのかもしれません。


わたしが小学4年生のころだったでしょうか。父から家で飼っていたメジロの世話をおおせつかりました。

どうしてわが家にメジロがいたのか。これは父が山でつかまえてきた野生のメジロでした。

父は現在のＮＴＴグループの前身の日本電信電話公社で電波・通信に関する仕事をしていました。実験をするために神奈川県や千葉県にある山に出張でよく出かけていました。

小鳥好きの父は山に行くと野生のメジロをつかまえて、竹かごに入れて家に持ち帰ったのです。

昭和35年（１９６０年）ころのことですから、まだ[注10]鳥獣保護法（ちょうじゅうほごほう）が施行される前で、個人が野鳥をつかまえて飼うことに特に問題がなかった時代でした。

わたしは父にどんな方法で野生のメジロをつかまえるのか聞いてみました。

出張先の山で、一羽のメジロを入れた竹かごを木につるしておくと、そのメジロは外に出たいからなのか「チィ、チィ、チィ」とよく鳴くそうです。たぶんそれはとらわれの身への不満、警戒の地鳴き(注11)だったのかもしれません。その声を聞いて野生のメジロが「緊急事態」とばかりにすぐに群れで飛んできます。仲間を助けたいからなのか、かごに入ったおとりのメジロの近くに興味津々で寄ってきます。

かごにトリモチをつけた棒をさしておくと、飛んできたメジロはそれに止まります。トリモチがぬってある棒に止まったが最後、メジロの脚がくっついて動けなくなります。それを確保します。わりと簡単につかまえられたそうです。

トリモチは強力

このトリモチは強力です。わたしも容器に入ったものを実際に手でさわってみましたが、茶褐色のガム状のそれはすごい粘着力でした。

トリモチの漢字は難しい字で「鳥黐」と書きます。「トリ」は「取り」ではなく「鳥」ですが、「鳥取黐」とも言うそうです、モチノキやヤマグルマの樹皮から作るそうです。

今ではトリモチを目にすることはほとんどありませんが、トリモチを使って小鳥をつかまえる方法は、日本でも古くから行われていたようです。「ハゴ」という狩猟法ですが、今日では禁止されています。

ところで、飛んできた野生のメジロをトリモチ棒を使ってうまくつかまえる方法は聞きましたが、かごに入れた「おとり」として使う最初のメジロはどのようにして手に入れたのでしょうか。何か独自の方法でつかまえたのか、それとも小鳥屋で買ったのか……。残念ながら、肝心(かんじん)のそのことについてはうっかり、父に聞くのを忘れました（笑）。

おおせつかったメジロの世話はそれほど難しいものではありませんでした。2日に一度ぐらいの間隔(かんかく)でエサと水を換(か)えます。エサは主に粉を水で溶(と)いた練りエサで、庭に生えているハコベの葉をすりこぎですって入れました。こうすると栄養価も高く、メジロのエサの食いもよくなることを父から教わりました。

時々、クモなどの虫やミカン、リンゴなどの果物をかごに入れてやると喜んで食べました。

甘党だからなのか、おかしのういろうが好きで、カゴに乗せるとよくつつきました。サツマイモも好物のようでしたが、なぜか、サツマイモを食べるとメジロの体がまるまるとふくらみました。あま

ハコベの葉

り与えてはいけない食べものだったのかもしれません。

かごの底には新聞に入ってくる広告チラシを敷いて、フンを受けていました。一週間もこれを換えないでいると、止まり木の下あたりにフンがたまり、盛り上がってきて不衛生なので、こまめに取り換えていたと思います。

フン受けのチラシを換える時は、入り口を開けた別の竹かごを用意してそこにメジロを移動させました。そのやり方も父から教わりました。

父はメジロの鳴きまねがとても上手でした。住んでいた家は東京の練馬にありましたが、当時は自然豊かなところで、わが家の庭にも野生のメジロがよく飛んできました。

父がメジロの鳴きまねをするとかごに入れて飼っているメジロがそれに呼応して鳴き、飛んできた野生のメジロもそれに加わってさえずりの合唱がはじまるという具合でした。

わたしもまねしてやってみましたが、年季が入った父がやるようにはうまくできませんでした。ひょっとすると聞き忘れた、野生のメジロをつかまえる時、はじめにかごに入れたおとりは、父の鳴きまねで呼びよせてつかまえた一羽だったのかもしれません。

小鳥の鳴きまねでは、大相撲の元横綱・千代の富士関がとても上手だったそうです。千代の富士関が鳴きまねをすると、小鳥がよく反応して鳴いたと言います。

父にしろ、千代の富士関にしろ、何か小鳥の心に響く鳴きまねのツボ、コツをつかんでいたに違(ちが)いありません。

現在、住んでいる千葉のわが家の庭にも時折、メジロが飛んできますが、それを見るたびにメジロを通して交流した亡き父との思い出がなつかしくよみがえります。

大好きなメジロと父への思いをこめて、わが家の外壁(がいへき)は「メジロ色」（という色はありませんでしたっけ）になっています。

チャボ ― タマゴがおいしいバンタム級

メジロの世話をする一方でチャボも飼いました。チャボをご存知の方も多いと思いますが、小型化したニワトリの一種です。ニワトリの小型版なので漢字では「矮鶏」になります。「矮」は「背が低い」という意味です。

チャボは17世紀ごろ、南ベトナムにあったチャンパ王国で飼われていたニワトリの品種が、南蛮(なんばん)貿易などで日本に持ちこまれて改良されたと言われています。

名前の由来は「チャンパ王国」か、そこに主に住んでいた「チャム人」かのどちらかが、なまって「チャボ」になったそうです。

インドネシアではチャボのようなニワトリを「バンタム」と呼ぶことか

ら、日本のチャボは「ジャパニーズ・バンタム」と言われていて人気があります。

「バンタム」はあのボクシングの「バンタム級」の「バンタム」ですね。

当時は、そんなチャボの歴史にはまったく関心がなく、ただただ、おいしいタマゴを食べたいがためにチャボを飼ったと思います。

メジロもかわいくていいのですが、おいしく食べられるタマゴを産んでくれるチャボはとても魅力的です。

わが家がどこからチャボを手に入れたのか？　今となってはよく覚えていませんが、野生のチャボが家の周辺にいることはなかったので、たぶん近所の小鳥屋さんで購入したのではないかと思います。

小鳥屋さんは今で言うなら「ペットショップ」でしょうが、当時はそんなしゃれた名前ではありません。今日のペットショップのようにイヌやネコは見かけず、小鳥や金魚などを中心に扱っていたような気がします。

もちろん小鳥や金魚のエサなども売っていて、たぶんメジロのエサを買いに小鳥屋さんに行った時にチャボを見つけて購入したのだと思います。

あるいはわたしの知らないところで、父が知り合いから譲ってもらったということも考えられます。

楽しみだったおいしいタマゴ

いずれにしろ、チャボを飼ったのは大正解でした。今はニワトリのタマゴは高病原性鳥インフルエンザの影響で値上がりしていますが、それでも買えないことはありません。しかし、タマゴは当時では貴重品です。それまでわが家の食卓にタマゴが登場することなどはほとんどありませんでした。

ところがチャボは4~5日に一度ぐらいの割合で新鮮なタマゴを産んでくれます。ニワトリのタマゴに比べるとやや小ぶりですが、栄養価が高いおいしいタマゴです。

わが家は子ども5人と両親の7人家族。4~5日に一度ぐらいの産卵ではタマゴを食べられる順番はなかなか回ってきませんでしたが、それでもみんな、貴重なタマゴを食べられる時を楽しみに、そして辛抱強く待ちました。

チャボがタマゴを産むと、わたしがタマゴに日付と食べられる人の名前をエンピツで記入します。

家族みんなからの期待は大きく、「どう、産んだ?」とよく聞かれます。わたしは「まだだよ。もうちょっと待って!」などと応え

ます。わたしはみんなから期待されるその役をできることに、何か喜びを感じていました。たぶん家族の食にささやかながら貢献できることが、子ども心にうれしかったのでしょう。

チャボも小さな体ながら、みんなからの期待を一身に受けて、相当なプレッシャーがあったのではないでしょうか。よくがんばっておいしいタマゴをいっぱい産んで、われわれ家族を喜ばせてくれました。


まだ「バードウオッチング」などというしゃれた言葉を知らなかったころから野鳥を観察したり、探し回ったりすることが好きではまっていました。

子ども時代を過ごした練馬は、武蔵野そのもので、自然が豊かでした。周辺には雑木林や森に囲まれた大きな農家があったり、広い畑が続いていたり、千川上水や石神井川が流れていたり。大きな池がある公園もありました。

わが家から立野町、吉祥寺方面を見るとほとんど視界をさえぎるものがなく、よく見渡せました。

今ではすっかり住宅街になっているのでしょうが、立野町辺りはほとんど畑でした。吉祥寺に吉祥寺名店会館というハイカラな専門店の集合ビルができた時は、その屋上に設置した広告塔のライトの光が家からよく見えるぐらいでした。高い建物はほとんどなく広い畑が続いていました。

畑を抜ける風が強い日は、関東ローム層(注12)ならではの赤土のホコリが舞い上がりました。その風よけの防風林なのか防砂林なのか、農家の周りには大きな木がいっぱい植えられていました。多くの農家が広いうっそうとした森に囲まれていました。この農家の大きな森がトリたちの格好の棲みかでした。

よりドリみドリのトリ観察

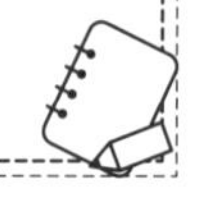

トリの観察、探索をしたいわたしは、こうした農家を訪ねていきました。

「すみません。野鳥に興味があって観察したいので、森に入ってもいいでしょうか」。

わたしは農家の人を見つけて、こんなお願いをして許可をもらいました。今振り返ると、小学生の子どもがよく物おじもしないで、大人の農家のおじさん、おばさんに平気で話しかけてお願いをしていたなと思います。

これもトリが好きで、「何とか野鳥の自然な姿を見たい」という思いが強かったからでしょう。

この「勇気を出して思い切って人に話しかける」という体験は、小学校高学年以降のわたしの積極性、前向きさに結び付いたような気がします。

学芸会で劇の主役をやったり、児童会の議長をやったり、クラスのみんなを冗談で笑わせたり……。トリ探索での大人との交流が自信となり積極性、前向きさが養われたと確信します。「トリのトリモチ（取り持ち）」からわたしの「トリエ（取り得）」、持ち味が生まれたようです。そうしたわたしの持ち味を、よく理解してくれる担任の先生に恵まれたことも大きかったと思います。

農家の人たちは子どもがそんなお願いをしてきたことに、はじめは驚いた様子でしたが、みなさん、快く承知してくれました。

わたしは大手を振って野鳥の探索、観察をしました。

ウズラ ― ウズくまる人気者

心ときめいたのは森のしげみの中をウズラの群れがちょこちょこと歩き回っているのを発見した時でした。野生のウズラを見たのはその時がはじめてです。ドキドキして眺めるわたしを無視して、ウズラはやぶの中を、エサを探しているのか、ちょこちょこと歩き回り、時にはじっとその場にうずくまったりして自由に行動していました。やがてわたしの視界からすっと消えていきました。興奮状態のわたしにはかなり長い時間のように感じましたが、実際にはほんの5分ぐらいのことだったかもしれません。

ウズラは体長20センチぐらいで頭が小さく、尾が短いずんぐりとした体型です。上面の色は茶褐色（ちゃかっしょく）でどちらかと言うと地味な色合いです。

ウズラの名称は「蹲る（うずくまる）」や「埋まる（うずまる）」という漢字に接尾語（せつびご）の「ら」が付いてできたという説もあります。

ウズラはキジ科のトリでは唯一（ゆいいつ）、渡りをします。秋になると国内では主に北海道から本州に南下します。日本国内での渡りなら漂鳥（ひょうちょう）と言ってもいいでしょうが、東南アジア、中国、朝鮮（ちょうせん）半島から日本に渡ってくるウズラもいるようです。

わたしは「ウズラが渡り鳥や漂鳥として長い距離（きょり）を飛べるのだろうか？」と疑問に思っていましたが、目撃した人の話ではウズラはかなりの距離を飛べるそうです。「トリは見かけによらぬもの」ですね。うずくまっているばかりではなく、意外と行動派なのです。

わたしがはじめて野生のウズラを見たのも確か、冬だったと思うので、遠い北海道辺りから関東に渡ってきた一群だったのかもしれません。


ウズラは今から約６００年前に日本で家禽（かきん）化された野鳥です。産卵や食肉を目的に明治以降は飼養が盛んになりました。

ウズラのタマゴはニワトリのタマゴほどひんぱんではありませんが、わたしも中華料理や和食などの具材として時々、食べます。

あの五目あんかけ焼きそばにウズラのタマゴが定番のようにひとつだけ載っているのはどうし

てなのでしょう。ウズラのタマゴだけに、あんかけ焼きそばの上でウズくまっているよう見えてしまいますが。

わたしは野生のウズラを目撃(もくげき)はしましたが、鳴き声までは聴けなかったと思います。

ウズラの鳴き声が「ゴキッチョー」(御吉兆)と、めでたく聴こえることから戦国時代には戦場にまで運ばれ珍重(ちんちょう)されたという話もあるようです。

盛んだった「鶉合わせ」

また江戸時代にはウズラの鳴き声を競わせる「鶉合(うずらあ)わせ」が盛んに行われました。番付表やランキングまで発行され、いい声で鳴くウズラは高値で取り引きされました。明治時代の終わりごろまで「鶉合わせ」は続いたようです。

この鶉合わせに使われていたウズラはナキウズラという種類だったようですが、残念ながら今では絶滅してしまいました。

俳人の正岡子規はこの「鶉合わせ」の句を詠んでいます。

向きあふて　鳴くや鶉の　籠二つ

正岡子規は江戸末期から明治にかけて活躍しましたから、その時代にはまだ「鶉合わせ」が行われていたのですね。

ちなみに「鶉」は冬の季語です。

正岡子規だけではなく多くの俳人が「鶉」を季語にした俳句を詠んでいます。

江戸中期の俳人・国学者の横井也有の俳句集は「鶉衣」です。これは「鶉の羽のように見栄えのしない粗末な文章の集まりである」と自虐的に謙遜して付けた名称です。横井也有は極めて優秀な人物だったと言います。


俳句以外にもウズラは昔から文化、芸術面での人気者でした。

古事記や伊勢物語、万葉集などにも登場します。

短歌にも数多く詠まれています。


夕されば野辺の秋風身にしみて　鶉鳴くなり深草の里

藤原俊成

ウズラを描いた絵も人気でした。中国では宋や元の時代に、ウズラが画題としてもてはやされました。これが日本にも影響を与え、土佐派の絵師はウズラの絵をよく描きました。

「鶉桟敷」は江戸時代の歌舞伎で、左右の花道に並行する東西桟敷の階下の見物席のことです。ウズラを入れるカゴに形が似ていることから付いた名称のようです。

夏目漱石の「坊ちゃん」「二百十日」「草枕」を収録した「鶉籠」も思い浮かびます。

昔から人々の暮らしの中にいた存在だったので、ウズラにちなんだ言葉や例えも数多くあります。

「鶉居」は人の住居が定まらないこと。ウズラの巣が一定しないとされることに起因する言葉です。

「鶉立ち」は和室で回りひざをすることなくそのまま立ち上がる、礼儀作法を欠いた立ち方を意味します。

「鶉杢」は樹齢1000年を超える屋久杉にしか見られないと言われる、ウズラの羽根のような杢目の紋様が入った超高級材です。落語の人気演目「牛ほめ」で登場する、おじさんの新居の天井板にも使われています。

甘納豆にもなるウズラ豆はインゲン豆の一種ですが、種皮の色と斑紋がウズラのタマゴに似ていることから付いた名前です。

「鶉合わせ」から文化・芸術、そして立ち振る舞い、建築材料、食品に至るまで、ウズラがこんなに幅広く顔を出すのは、それだけ人々の暮らしに近いトリだったわけです。決してうずくまっている地味なトリではなかったことがよくわかります。

なお、地名では兵庫県加西市に鶉野町（うずらのちょう）があります。

まだまだありますが、かなり長くなったので、以上でウズラに関する話を終わります。

コジュケイ ― チョットコイの警官鳥

コジュケイを見つけた時も感激しました。立野町に畑に囲まれた大学の野球場がありました。外野の草むらに時々、野球の硬式（こうしき）ボールが落ちていることがあるので野鳥の観察がてら、それを拾いにいくことがありました。

その日はなかなかボールが見つかりません。ふと草むらを見ると、何やら赤褐色（せっかっしょく）をした布地のようなものが落ちています。わたしは何だろうと思いながら、それを拾おうと手を伸ばしてさわりました。そのとたん、「カラフルな布地」がパッと飛び上がりました。

わたしはびっくりして手を引っこめましたが、それはなんと、布地ではなく休んでいる野鳥だったのです。

父にわたしの目撃談を話すと、それはコジュケイだと教えてくれました。

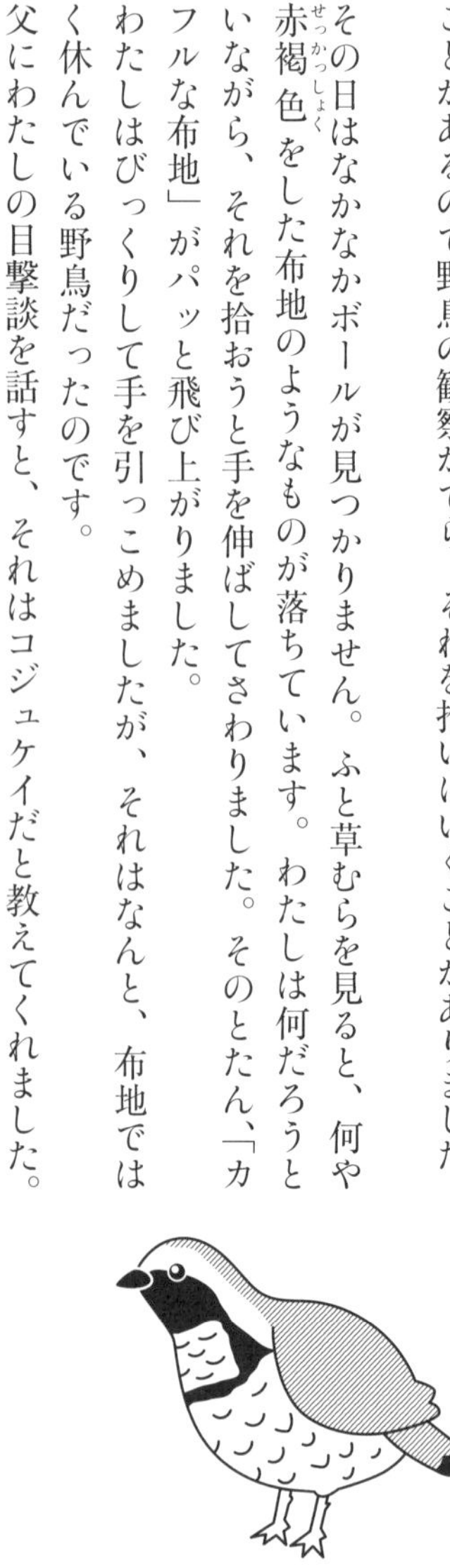

野生化した外来種のトリ

コジュケイは中国原産のトリで１９１０年代にペットとして日本に持ちこまれました。その後、狩猟用として放たれ、野生化した外来種のトリです。

鳴き声に特徴があり、遠くまでひびく声で「チョットコイ!、チョットコイ!」と鳴いているように聞こえます。この「チョットコイ!」という鳴き声から「警官鳥」という異名があります。

だれがそんなウイットに富んだ異名をつけたのか……。まさか泥棒さんではないでしょうが、こういうシャレの利いた話は大好きですね。トリこまれます。

そう言えば農家の森を訪ね歩いていた時に、「チョットコイ!」の鳴き声は何度も耳にしていました。まさかその声の主に出会えるとは! つかまえる直前に「警官鳥」には逃げられましたが、野鳥がそう簡単に逮捕されるはずがありません。なにしろつかまえる側の「警官鳥」ですから。

このコジュケイに出会った大学の野球場はその後なくなったようです。地図で確認したところでは、跡地は公園になっています。もう60年近くも経っているので周辺の様子は大きく変わったことでしょう。コジュケイの姿を見られるような自然がまだ残っているのか、一度訪ねてみたい気もします。

オナガ ― カッコウが托卵（たくらん）を企（たくら）む

オナガというトリをご存知でしょうか？　体長が35センチくらいのトリで頭は黒っぽく、お腹の辺りは白。背中の色はグレーと水色で、尾羽が長いのが特徴です。その長い尾羽を持つことから「オナガ」という名前が付いたようです。

オナガは東日本を中心に生息する留鳥で、練馬のわが家の周辺でもよく見かけました。練馬からそれほど離れていない清瀬市では、オナガが市のトリになっています。

夏の夕方、辺りがうす暗くなってきたころにねぐらに帰るのか、このオナガが群れをなして、「ギィー、ギィー、ギィー」という特徴のある声を出しながら森や林の方へ飛んでいきます。

ちょうどそのころ、ヒグラシゼミが夏の一日の終わりを告げるかのように「カナ、カナ、カナ」と大合唱をはじめます。

夏の夕暮れ時、このオナガとヒグラシゼミの混声合唱が、美しい夕焼けとともにわたしにせまってきました。

この印象的な光景は子どもころのわたしの脳裏に深く刻まれました。今でもなつかしく、時々よみがえるシーンです。あんな幻想的な気持ちのいい光景にはその後、なかなかお目にかかったことがありません。まさにわたしにとっては「トリ・ビュー（景色）」の「トリビューン」、特別席のようでした。

そんな体験もあるので、オナガはわたしの好きな、気になるトリの一種です。

現在住んでいる千葉ではオナガを見たことがありません。調べてみると昔は西日本から東日本まで広く分布していたようですが、最近は西日本ではまったく見かけなくなったそうです。それでは絶滅に向かっているのかと心配したところ、そうではなくて、逆に東日本では増えているところもあるらしいのです。それなら一安心。森がある山の方に行けば、千葉でもオナガに巡りあえるかもしれません。

夕暮れ時に、オナガとヒグラシゼミの混声合唱を聴くトリビューンを再び体験したいものです。

ところでオナガに関しては、50年ぐらい前からカッコウの「托卵」の対象のトリになっているという話です。

托卵というのは、ほかのトリの巣に自分のタマゴを産み落とし、その巣の持ち主のトリに自分のヒナを育てさせる行為です。巣の主のタマゴは、1～2日前に孵った托卵する側のヒナによって、無残にも巣の外にはじき出されてしまいます。

日本ではこの托卵をするトリはカッコウ、ホトトギス、ツツドリ、ジュウイチの四種です。

托卵される側のトリは、托卵する側の種によって異なるようです。カッコウはオナガ以外ではオオヨシキリやモズに、ホトトギスは主にウグイスに、ツツドリはセンダイムシクイに、ジュウイチはオオルリやコルリなどに托卵します。

かつてはホオジロもカッコウから托卵される側の一種でしたが、今は対象にはなっていないようです。これは、さんざんカッコウに托卵され続けて種の存続が危ぶまれる状況に陥ることを危惧したホオジロが、対抗措置をとったためです。カッコウのタマゴを選別する能力を磨き、排除する術を身に付けた結果だと言います。

カッコウも種の存続をねらってホオジロに托卵することをあきらめ、オナガに対象を切り換えたわけです。

オナガとカッコウは、以前は生活拠点が平地と高原で異なっていたために出会うことはなかったのですが、オナガが高原へ、カッコウが平地へと行動範囲、生息地を広げたために奇しくも出会うことになったようです。

わたしは托卵に関してのこうしたトリの攻防(こうぼう)、せめぎ合い、進化についてはほとんど知りませんでしたが、ネットでいろいろと調べていくうちに状況が少しずつわかってきました。

「托卵(たくらん)」だけに何か「企(たくら)んだ」みたいで、ちゃっかりしていて、詐欺(さぎ)のような行為ですが、これも長い間に自然の中で培(つちか)われたそのトリの習性、持ち味ですから非難したくてもしてはいけません。

カッコウなどの托卵する側のトリは、どうやらタマゴを温めて孵すのが体質的にも苦手なようなのでそうした行動をとるようです。

「横しま」な奴(やつ)

カッコウはオナガと同じぐらいの全長約35センチのカッコウ目カッコウ科のトリです。残念ながらわたしは自分の目で「生カッコウ」を見たことはありませんが、細身で尾が長く、背面が灰青色なところは、ちょっとオナガに似ているような気もします。ただし胸や腹にはオナガにはない横しまが見られます。この横しまとメスの鳴き声にどうやらカッコウの「秘策」が隠(かく)されているようですが、それについては後ほど。

カッコウはアフリカや南アジアで越冬してヨーロッパには春先に、日本には夏鳥として5月ころに渡ってきます。飛翔(ひしょう)範囲が極めて広くて、アフリカのザンビアからモンゴルまで約

1万2000キロを渡ったという記録があるほどです。

ヨーロッパでは春を告げる縁起のよいトリとして概ね歓迎されています。第3章でもご紹介しますが、あの「カッコウ」というオスの印象的なさえずりの声によってすっかり人気者の地位を確立しました。英語名も「cuckoo」です。音楽の題材になったほか、カッコウにまつわる縁起のよい伝承、エピソードもヨーロッパ各地に残っています。カッコウに関する音楽についても第3章で取り上げます。

ただ日本では「托卵する、詐欺師のような、信用が置けないトリ」というイメージの悪さのほかに、「閑古鳥」というこちらもあまりよろしくない異名もいただいているので、決して人気者ではありません。

これはわが国では昔からカッコウの鳴き声がどこか、もの悲しく、暗い響きでとらえられているのと、カッコウが飛来して鳴く場所が、人（客）があまりいない山里、山奥であることによって付けられてしまった、ちょっと気の毒な異名なのです。

ヨーロッパでは人気の「カッコウ時計」も日本ではなぜか「ハト時計」に置き換わってしまっています。

松尾芭蕉もカッコウを題材に句を詠んでいます。

「うき我を　さびしがらせよ　かんこどり」

日本ではどちらかと言うと不人気のカッコウも、チベットでは人気者だそうです。古来のボン教ではカッコウは「聖なるトリ」です。この辺りの話は第6章の「トリと神仏」で取り上げます。まさに「所変われば品変わる」の格好（カッコウ）の例ですね。中国ではカッコウは「郭公」です。これも鳴き声から付いた立派な名称です。

いずれにしろ、ヨーロッパでも日本でも渡り先で、タマゴをヨーロッパヨシキリやオオヨシキリなどのトリの巣に産んで托卵したカッコウは、あとはお任せして古里に帰ってしまいます。

この托卵する時の効率を上げるために先ほど少しふれた、メスの体の横しま模様と鳴き声が役立っているらしいのです。これらはヨシキリを狙(ねら)う天敵とも言うべきハイタカに似ているそうです。カッコウのメスがハイタカに似た声で鳴くと、ヨシキリは警戒して自分の身を守ろうと巣への注意が散漫(さんまん)になります。そのすきをついて「托卵を企む」らしいのです。それを裏付けるような研究結果も出ているようです。

いずれにしろ悪知恵が働くというか、「横しまな奴(やつ)」というか……。托卵される側のトリのタマゴに似せたタマゴを産み落とすことは知っていましたが、まさかそこまでやるとは……。「すごい！」の「ひと言」です。決して「人ごと」ではありません。

ひょっとするとわが国でも、西日本でオナガを見かけなくなったのは、カッコウの托卵の影響があるのではないかとも想像してしまいますが、どうなのでしょうか。

オナガもどうやらカッコウの托卵に気付き、対策を取りはじめているようです。托卵される側のトリも対抗策を身に付けて、それを子孫に受け継いでいくそうです。托卵する側もまたその上をいく一手を考えるようで、その辺りの知恵比べ、せめぎ合い、攻防がとても興味深いですね。トリの賢さ、進化のすばらしさが伝わってきます。

日本で托卵する四種の中にジュウイチがいますが、あまりなじみがないトリですね。「ジュウイチー」と鳴くことからその名が付いたようですが、「ジヒヒヒー」とも鳴くそうです。このため「慈悲心鳥」の異名があります。

「ほかのトリにちゃっかり托卵を押し付けるのに、慈悲心鳥とはこれいかに」という気もしますが、これも自然の摂理、トリの知恵だと思うと納得できます。

ゴイサギ ― サギなのに位がある

姿を見たことはありませんでしたが、父が夕方から夜にかけての時間帯に「またゴイサギが鳴いている」とよく言っていました。

ゴイサギは世界中にいるトリで、日本では北海道には夏鳥として現れ、本州では留鳥として広く見られます。上面は青みがかった暗い灰色、下面は白の60センチぐらいの野鳥です。

「ゴイサギ」の和名は「五位鷺」と書きます。「平家物語　巻第五　朝敵揃」に、醍醐天皇の命を伝える文書である宣旨によって捕獲されたため、正五位を授けられたという故事がある、えらいトリなのです。

能楽の演目「鷺」はこの五位鷺伝説に由来します。

しかし夜行性で養魚場や動物園などにいる魚などを失敬することもあるので、害鳥の評価になっています。夜間に飛びながら「クワッ」というカラスのような不気味な声で鳴くため「夜烏」と呼ぶ地方もあります。

名前に位があり、能楽の題材にもなっている、えらいはずのトリにしてはちょっと敬遠されがちで、なにか肩身が狭い感じがします。

こわいもの見たさに「一度、ゴイサギを見てみたいな」と思いながら、いまだに実物にはお目にかかっていません。父の話だけが頭に残っています。

わたしが子どものころに観察、探索したこのほかのトリとしてはスズメ、ツバメ、ジョウビタキ、シジュウカラ、キジバト、モズ、シラサギ、カラスなどがいます。それぞれに思い出がありますが、すべてトリあげているときりがないので、この辺りで子どものころの景色、トリ歴をトリやめます。

シラサギ、カラスについては、「大人になってからの景色」のトリ歴でご紹介します。

こうして探索、観察したトリたちをしっかり確認できるのは図鑑が一番でしょう。わたしの子どもの時分にも、駅前の本屋さんにりっぱな「鳥の図鑑」が置いてあり、欲しかった記憶があります。しかし図鑑は当時でもかなり高価で、7人家族が食べていくのに精いっぱいの暮らしぶりのわが家では、その図鑑を買って欲しいとはとても言い出すことはできませんでした。

わたしが「鳥の図鑑」を手に入れたのは、自分が働いてお給料をもらえるようになって、少し経ってからでした。

トリの基本情報説明

① トリの起源

鳥類はいつこの地球上に出現したのでしょうか。今日われわれが目にするトリ＝現生鳥類の祖先は約６６００万年前にこの地球上に姿を現したと言われています。

ただ現生鳥類の祖先が突然地球上に現れたのではなく、そこにつながる生物の存在があったわけです。それが今から１億４５５０万年～２億１３０万年前の中生代ジュラ紀に生息していた獣脚類恐竜です。この獣脚類恐竜の中のコエルロサウルス類、さらにはその中のマニラプトル類が生き延び、進化してトリの祖先が誕生したというのが今日の定説となっています。つまりトリの先祖は恐竜で、その一種が進化して現生鳥類になったのです。

どうしてそんなことがわかるのでしょう。それは発掘した化石を入念に調べた記録（化石記録）から明らかになったことなのです。トリだからと言って、何か「トリック」があるわけではありません。マニラプトル類の獣脚類恐竜の化石を調べるとトリとの共通点がいろいろと出てきます。例えば羽毛があったり、食べものの消化を助けるための胃石があったり、抱卵して育雛するなどです。肺による呼吸や骨格などもトリと同様です。

こうしたさまざまな機能の共通点から獣脚類恐竜のマニラプトル類が、進化してトリになっていったことが明らかにされたのです。

コエルロサウルス類の獣脚類恐竜にはトリの祖先のマニラプトル類のほかに、ティラノサウルス類もいました。ティラノサウルス類と聞けば、恐竜ファンでなくても知っている恐竜の代表格ですね。ところがこちらは地球上を生き延びることができずに絶滅してしまいました。

コエルロサウルス類が生息した同じ中生代ジュラ紀に始祖鳥（しそちょう）もいました。空を飛べたので、かつては「始祖鳥が現生鳥類の祖先ではないか」と言われていました。しかし今日では現生鳥類の直系の祖先ではなく、近縁だったという説が有力のようです。わたしも学校で「トリの祖先は始祖鳥」と習った気がしましたが、今は異なる説になっているようです。

現生鳥類の祖先が６６００万年前に誕生したことに比べると人類の誕生はつい最近のようなものです。人類が誕生したのは今から７００万年～５００万年前と言われています。現生人類の祖先であるクロマニョン人などが誕生したのはさらにその後で、今から約20万年前だと推測されています。

現生鳥類の祖先が６６００万年前に誕生したことに比べれば、現生人類の祖先の20万年前の誕生はごく最近の話のように思えます。

この地球上では鳥類は人類の大先輩なのです。

第2章
トリとわたし Ⅱ
一大人になってからの景色

せわしない日々でトリを世話しない

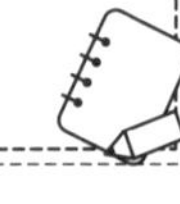

中学、高校生になってもトリの探索や観察を続けられればよかったのですが、母と兄の影響もあり部活でバスケットボールをやることになりました。練習や試合に明け暮れるいそがしい毎日となりトリから離れざるを得なくなりました。時々メジロの世話ぐらいはしたような気がしますが、「せわしない日々、トリを世話しない日々」が続きました。中学、高校ではほとんどトリからは「トリ離された」生活でした。

大学でもサークル活動などに追われ、トリからは遠ざかった日々を送りました。

仮定の話をしても意味がありませんが、もし中学、高校、大学でも小学生のころと同じような熱意でトリと関わっていたら、就職先もトリ関連を探していたかもしれません。

研究所や動物園での仕事も頭に浮かびましたが、結局、トリとはほとんど関係がない、大学で学んだ広告に関連して、新聞社で広告営業の仕事をすることになりました。

トリはトリでも「広告トリ」になったわけです。

結婚して仕事にも慣れ、子どもも産まれて暮らしぶりに少し余裕が出てきたころから、また何かトリを飼ってみたくなりました。「せわしない」生活から「せわしたい」生活への変化です。

しかしメジロなどの野鳥を飼うことは鳥獣保護法の関係などからできません。そこでペットとして飼える小鳥から何か選ぶことにしました。飼えそうな小鳥としてはブンチョウやジュウシマツ、カナリア、インコなどが考えられましたが、家内とも相談してセキセイインコを飼うことにしました。

セキセイインコを飼ったのは千葉に住んでからですが、練馬にいた時に、飼われていたものが逃げ出したのか、きれいな黄色のセキセイインコが飛んできてつかまえた経験がありました。そのインコはまたすぐにどこかへ飛んでいってしまいましたが……。

そんなことも印象に残っており、セキセイインコを飼うことにしました。

セキセイインコ ― 背が黄と青でセキセイ

セキセイインコの原産地はオーストラリアの内陸部です。日本には明治時代末期にペットとして輸入されました。

この最初に日本に入ってきた個体の背（セ）の色合いが黄（キ）と青（セイ）だったことから、和名が「セキセイインコ」になったそうです。名前の付け方がシャレていますね。

わが家のセキセイインコはペットショップで購入したつがいです。

最寄り駅と自宅マンションの途中に、ちょうど練馬で子どものころに通っていたのと同じような小鳥屋さんがありました。その小鳥屋さんでつがいのセキセイインコを選びました。

ご縁があってわが家に来たセキセイインコは、図鑑や本などでよく見かける黄色と緑色を基調とした一般的な色調のメスと、全体的に薄い青色のオスでした。

「セキセイインコを飼うなら手乗りにして、人の言葉もしゃべらせたい。ダジャレなんか言うと最高！」と思っていましたが、購入したつがいは成鳥なので、そうはいきません。

そこでつがいにタマゴを産んでもらい、ヒナを訓練してこの思いを実現することにしました。

やがて期待通りにつがいはタマゴを産み、ヒナが3羽孵りました。産まれたばかりのヒナは丸はだかで目とくちばしだけが大きく、お世辞にもかわいいとは言えない見栄えです。

親が熱心に子育てをするのを観察しながら、いつヒナを親から引き離して、われわれが世話をはじめるのか、そのタイミングを計りました。

しかし親の警戒心もあって、なかなかこのタイミングが難しく、結局、われわれがエサやりなど、面倒を見はじめたのは産まれてから2カ月以上が経ったころで、かなりヒナが成長してからでした。

わたしは仕事がいそがしくてこまめにエサやりなどができません。家内が外出する時に、ヒナをカゴに入れて一緒に連れていき、エサやりなどの面倒をみてくれることが多々ありました。ですからセキセイインコのヒナ育てではわたしは「家内には、かないませーん」の状態でした。

3羽のヒナは見た目がみな同じようだったので、とりあえずピーちゃん1号、2号、3号にしました。

こうして試行錯誤(しこうさくご)でヒナの世話をしましたが、結局、3羽とも人の言葉をしゃべる、よくなついた手乗りのセキセイインコに育ててあげることはできませんでした。

人の手や肩、頭などに乗るには乗りますが、ちょっとおっかなびっくりで落ち着かず、警戒している感じです。

しゃべるほうもみな「ピーちゃん」とか、自分の名前ぐらいを言う程度でした。もちろんダジャレは言えませんでした。

セキセイインコは育て方、訓練の仕方次第では、人の言葉をかなりしゃべれるようになると言います。以前には1700語以上の人の言葉を上手にしゃべるセキセイインコもいたそうです。そんなセキセイインコならダジャレも言えたかもしれませんね。

今から思うと、ヒナの早い段階から、わたしがもっと詳しい人に教えてもらって、熱心にこまめに面倒を見れば、もっとおしゃべり上手なインコに育てられたような気がします。中途半端(ちゅうとはんぱ)に終わった育雛(いくすう)を反省しています。

それでもおしゃべり上手にはなりませんでしたが、わが家のつがいは相性がよかったのか、よくタマゴを産み、結局、合計で10羽以上のヒナが孵りました。

ピーちゃんは1号から11号ぐらいまでの名前を付けた記憶(きおく)があります。

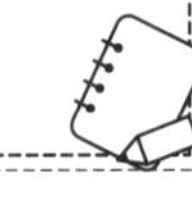

自称トリ鉄のバードウオッチャー

社会人になってからは仕事や会合、お付き合いのゴルフなどに追われ、休日でもなかなか屋外で野鳥をじっくり探索、観察する時間が取れなくなりました。

そうした中で野鳥観察をわたしなりに楽しんだのは通勤電車や、出張の時に利用する新幹線の中からのバードウオッチングでした。わたしはこれを勝手に「トリ鉄」と言っています。

通勤で乗る電車は京葉線で、千葉の蘇我(注13)駅から東京駅に向けて海沿いを走ります。乗車している時間は約40分。何度も同じルートを走る中でチェックしていると、必ずと言っていいぐらいに野鳥を見ることができるポイントがいくつもあることがわかりました。

もちろん季節によって観察できる野鳥は変わりますが、主に目にした野鳥はシラサギやアオサギといったサギ類、ウ、カモメ、カラス、カイツブリ、カモ類です。市川塩浜駅を過ぎた三番瀬辺りの海沿いを走ると、秋から冬にかけては渡り鳥が数多く羽を休めているのを観察できます。遠目なのでトリの種類までは確認できませんでしたが、多種多様なトリが群れを成して浅瀬に浮かんでいました。

「トリ鉄」の中で最も多く目にしたのは、体の白さが目に付き発見しやすいシラサギです。

シラサギ ― シラサギというトリはいない

シラサギをご存知の方も多いと思いますが、これは体が白いサギの総称(そうしょう)です。シラサギというトリ自体はいないわけですが、ついつい「シラサギを見た」とか、「シラサギが飛んでいる」とか言ってしまいますね。別にシラサギというトリがいなくても「サギ（詐欺）」ではありません。

現在、日本で観察できるシラサギと言われる主なトリはダイサギ、チュウサギ、コサギ、アマサギ、カシラサギ、沖縄方面のクロサギの白い個体です。

ダイサギはシラサギの中では最も大型で、体の大きさは約90センチ、チュウサギはひとまわり小さくて70センチぐらい、コサギはさらに小さく60センチぐらいの大きさです。この体の大きさの違(ちが)いでほぼ見分けが付きます。繁殖期(はんしょくき)、季節によっても変わりますが、それぞれにくちばしや脚(あし)、足指の色が微妙(びみょう)に異なりますが、体全体の色は白です。

アマサギは頭から首にかけての夏羽が飴(あめ)（砂糖）を焦(こ)がしたようなうす茶色になるのが特徴で「飴鷺」とも言われます。日本では冬には見られません。

清楚(せいそ)で美しいコサギ

この中でわたしが特に好きで注目してチェックしていたのがコサギです。コサギはくちばしと脚の色が黒、目元、足指は黄色です。この黄色い足指は「黄色い靴下(くつした)」とか「イエロースリッパ」などと言われています。体全体はもちろん白色。夏には頭の後ろに二本の冠羽(かんむりばね)が生えます。

見た目のバランスもよく、すっきりとして清楚(せいそ)な感じです。「鷺」という漢字は清々(すがすが)しいという意味の「さやけき」から付いたという説もあります。コサギが最もそれをよく表しているような気がします。

こうしたコサギの清楚な美しさは絵にもよく描かれています。江戸中期の浮世絵師(うきよえし)・鈴木(すずき)春信もコサギを描きました。

あまり細かくご紹介してもしようがありませんが、京葉線に乗っていてわたしがコサギをよく見つけたポイント、「コサギスポット」は次の12地点です。

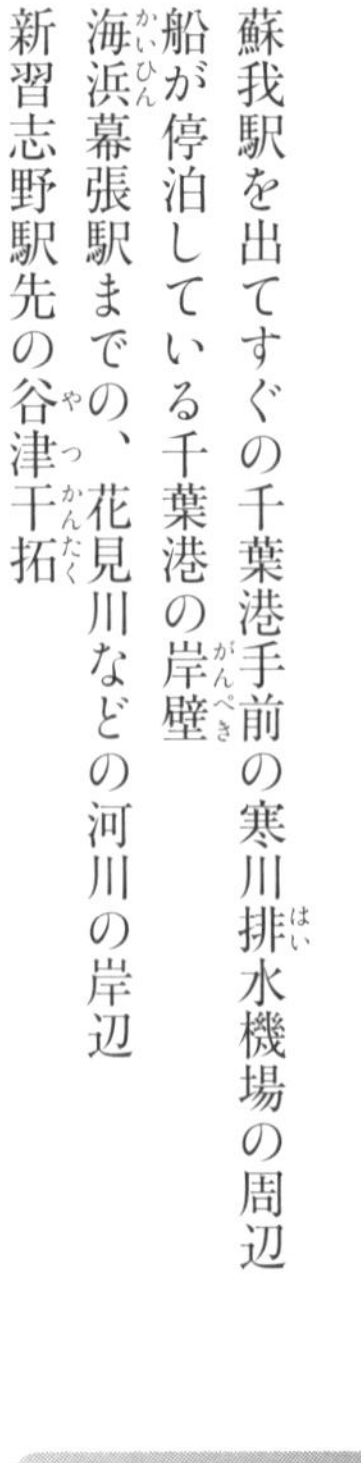

1、蘇我駅を出てすぐの千葉港手前の寒川排(はい)水機場の周辺
2、船が停泊している千葉港の岸壁(がんぺき)
3、海浜(かいひん)幕張駅までの、花見川などの河川の岸辺
4、新習志野駅先の谷津干拓(やつかんたく)

5.の松林のコロニー

5、二俣新町駅からすぐの、真間川近くの松林（コロニー）
6、二俣新町駅過ぎの江戸川の岸辺の木立
7、市川塩浜駅から新浦安駅にかけての三番瀬
8、ディズニーランド手前の浦安鉄鋼団地の見明川沿い
9、ディズニーランドを過ぎてすぐの、旧江戸川に注ぐ海沿いの潮だまりと葛西臨海公園前の浅瀬
10、新木場手前の荒川のゴロタ石の岸辺
11、新木場に浮かぶ材木やブイ、クイの上（最近は木材がなく、今は平たいプラットホーム状のはしけ）
12、潮見駅を過ぎてトンネルに入るすぐ手前の海とつながる隅田川沿い

もちろん毎回、以上のポイントで必ず見られたわけではなく、あくまでもよく見かけた場所です。電車の中からの距離のある観察だったので、チュウサギやダイサギだった可能性もあります。コサギがダイサギやアオサギ、ウなどのトリと一緒にいることもかなりありました。こうして各ポイントを目で追いチェックしていくと、アッと言う間に乗車時間の40分が過ぎてしまいます。

以上のポイントの中でわたしの一番のお気に入りで注目していた場所は、5、の二俣新町駅からほど近い松林のコロニーです。

多い時は40～50羽のコサギが群れを成して止まっていて壮観でした。

朝早くに見かけた時は集団で飛び立ち、これからエサを探しに行く様子でした。お留守番なのか一羽だけが松林に残っている姿を見る時もありました。

夕方の5時過ぎ、やはり群れを成して松林に戻ってきたところを見かけた時もありました。松林に止まりきれず、近くの建屋の屋上で羽を休めるコサギもいました。

ある時、この松林の半分近くが切られてなくなっているのを見た時はびっくりしました。コサギは警戒してどこかに行ってしまうのではないか心配しましたが、その後もこの松林を利用しているようなので一安心しました。


このようにコサギをはじめとするサギ類は、群れで営巣のコロニーをつくる性質があります。

わたしが子どものころに住んでいた練馬からほど近い中野区に鷺宮という町があります。

この鷺宮の地名はまさに神社の境内にあった大きな老樹でシラサギが営巣していたことから付いた地名のようです。

平安時代の中期、今から約960年前の1064年（康平7年）。陸奥守・鎮守府将軍であった源　頼義は前九年の役で奥州の豪族であった安倍氏を滅ぼしました。その戦勝への感謝、国家安泰、源氏の隆昌を祈願して、鎌倉街道に面した今の場所に八幡神を祀った社殿を建立しました。その神社の境内には老樹が林立しており、そこに数多くの鷺が営巣していたことから、そこが「鷺宮大明神」と呼ばれるようになったそうです。

現在の鷺宮八幡神社です。

わたしの「トリ鉄」によるシラサギのバードウオッチングは、出張の時に乗った新幹線の中からも行いました。東京から新大阪までの車窓から、田畑で群れる100羽以上のシラサギをカウントしたこともありました。

ウ ― 鵜(ウ)の目鷹(タカ)の目で鵜呑(ウの)み

通勤電車からのバードウオッチングではシラサギのほかにウ(鵜)もよく目にしました。特に蘇我駅を出てすぐの千葉港辺りでは、必ずと言っていいほどウを見かけました。「鵜(ウ)の目鷹(タカ)の目」ぐらいの目で探さなくてもすぐに見つかりました。

遠目だったのでそれがカワウなのかウミウなのか判別できませんでしたが、たぶんカワウでしょう。

というのも千葉港の周辺は昔からカワウが数多く生息しており、かつては大巌寺(だいがんじ)にかけてはカワウの大コロニーがあったからです。

1551年に創建された大巌寺には当時、すでにウが生息していたそうです。古書によれば約4万羽がいたという記録があります。

ウのほかにシラサギやアオサギ、ゴイサギなどもいたようです。1935年(昭和10年)には

「鵜の森」が県の天然記念物になり、１９６４年（昭和39年）には「鵜の森町」が誕生しました。

しかしその後、都市化や工業開発、宅地開発などによってウが営巣する森林は急速に失われ、１９７２年（昭和47年）ころにはウの大コロニーも消滅（しょうめつ）しました。

大巌寺の境内には、かつてウの大コロニーがあったことを記念した「鵜の森の塔」のモニュメントが建てられており、当時がしのばれます。ここはわたしのお散歩コースのひとつなので、ウであふれかえっていた当時をしのびながら何度も訪れています。

鵜の森町の最寄り駅である蘇我駅のホームの階段下には、カワウをデザインしたプレートがあります。もしサッカーの観戦や野外音楽フェスティバルなどで蘇我駅を利用される機会があれば、ぜひ階段下を「鵜の目鷹の目」でチェックしてみてください。

「鵜」がつく地名はこのほかにも日本各地にあります。

鵜森神社（うのもりじんじゃ）がある三重県四日市市鵜の森は、昔は付近一帯が海岸まで続く松林で、ウミウが数多く生息していたそうです。

神奈川県相模原市南区にも鵜野森町があります。

島根県の出雲にはかつて「鵜鷺村」がありましたが、１９５１年（昭和26年）に大社町と合併してなくなりました。この地区には今でも鵜鷺幼稚園・小学校、鵜鷺郵便局などがあります。

このほかにも各地に「鵜村」など、「鵜」のつく地名がありましたが、多くが町村合併などでなくなりました。

それだけ日本各地にウが生息し、人々の身近な存在であったことがうかがえます。


「ウ（鵜）」と言えば「鵜飼」を思い浮かべる方も多いのではないでしょうか。

現在、日本で行われている鵜飼には岐阜県岐阜市の「長良川鵜飼」、愛媛県大洲市の「肱川鵜飼」、大分県日田市の「三隈川鵜飼」の日本三大鵜飼のほか、数ヵ所があります。

鵜飼を表したと思われる埴輪が出土していることから、古墳時代にはわが国でウ（鵜）を使った漁が行われていた可能性があります。

古事記や日本書紀にも鵜飼の記述があります。長良川の鵜飼は１３００年以上の歴史と伝統があると言います。

これらの鵜飼で活躍しているウはウミウです。ウミウはカワウに比べ体が大きく、丈夫だと言われます。茨城県日立市十王町の伊師浜海岸で捕獲された、元気のよいウミウが各地に送られて活躍しています。

鵜飼は鵜匠が追い綱を付けたウを上手に操って鮎をとりますが、中には追い綱を付けずにウに自由に鮎をとらえさせて確保する「放し（ち）鵜飼」という手法もあります。中国の鵜飼はカワウを使ったこのやり方のようです。ウへの厳しい訓練が必要で難しさがあります。

散歩がてらのトリ・ビュー（景色）

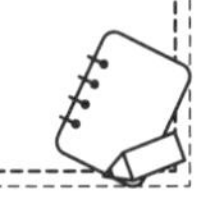

定年退職を迎える少し前から運動不足解消のために、散歩をしながらのバードウオッチングをはじめました。散歩がてらにトリを観察するトリ・ビュー（景色）です。

わが家から歩いて15分くらいの、サッカー場やテニスコートもあるスポーツ公園の周辺を約1時間、散歩がてらの探索、観察をします。このスポーツ公園には植林されて育った木立や大きな草むらがあって、そこが野鳥を見つけるポイントになります。近くには海とつながる用水路もあり、そこでも水鳥などの野鳥を発見し観察できます。

散歩がてらの探索で見かける野鳥としては季節によっても異なりますがキジ、キジバト、ヒバリ、ツバメ、シジュウカラ、エナガ、カワラヒワ、ヒヨドリ、メジロ、モズ、ツグミ、ジョウビタキ、セグロセキレイ、ハクセキレイ、カラス、スズメ、ムクドリ、ドバト、カワウ、コサギ、ダイサギ、アオサギ、バン、オシドリ、カイツブリ、カルガモなど多種に及びます。

このほかにもこれまであまり見かけたことがない野鳥を観察することもあります。チドリのような姿、形をした野鳥を見つけて、鳴き声も頼りに図鑑やウェブサイトなどで調べても、判明しない場合もありました。

そうしたバードウオッチングの中で一番感激したのはキジを発見した時です。

キジ ― 喜事（きじ）が訪れるか

春先、テニスコートの向かいの林沿いの遊歩道を歩いていると、突然オスのキジが目の前に現れました。わたしはびっくりして立ち止まりましたが、キジもわたしの姿を見て驚いたのか、あわてた様子で林の方に逃げていきました。その間、わずか10秒ほどだったでしょうか。飛ぶことはなく、かなりのスピードで走り去っていきました。胸の辺りから体全体が美しい緑がかった羽でおおわれ、目の回りは鮮やかな赤い肉垂（にくすい）で彩（いろど）られています。すっと伸びた長い尾羽も目立ちました。

その日はキジの当たり日だったのか、その後すぐに、今度はサッカー場

の向かいの草むらで「ケーン！」と鳴きながら羽をバタバタさせている、別のオスのキジを目撃(もくげき)しました。

キジは春先に繁殖期を迎えるので、メスを求めて、またなわばり宣言で動きが活発になっていたのだと思います。

その後も、その散歩コースでは何度もオスのキジ、そしてメスを連れたつがいのキジを見つけました。日本の国鳥であるキジを身近で見られるのはうれしいことで気持ちが高ぶります。キジを目撃できるのは、まさに「喜事（きじ）」で喜ばしい出来事です。「いい事が起きる前ぶれかもしれない」と笑顔になれます。

キジを見かける場所近くのサッカー場があるスポーツ公園では、最近、ゴールデンウイークや夏場に大規模な野外音楽フェスティバルが開催(かいさい)されています。その期日（キジツ）がくるとキジも音楽に負けじと鳴いたり羽ばたいたりしているかもしれません。

キジは日本鳥学会が１９４７年（昭和22年）に国鳥に選びました。日本固有種の美しい留鳥で、古くから民話や童話に登場してきたのは、みなさんご案内の通りです。身近な存在でありながら、オスは姿、形が美しく勇敢(ゆうかん)、メスは母性愛にあふれ優しいところがあることも、国鳥として選ばれた要因のようです。

ハドスンの著書、「鳥たちをめぐる冒険」にもキジが出てきます。わたしはそのページを読んで「イギリスにもキジがいるのだ！」と驚きましたが、これは狩猟用にアジアから持ちこまれた、日本の固有種とは異なる種類のようです。

ハドスンは同書の中で、狩猟用のキジを「聖鳥」として増やすために、貴重なほかの野鳥が無残にもとらえられる当時の状況に危機感を覚え、なげいています。もちろんキジには何の罪もないのですが……。


わが国では万葉集や古事記にも登場し、古くから人々の身近な存在だったので、キジにまつわることわざもいろいろとあります。ご存知の方も多いでしょう。

例えば「けんもほろろ」。これはキジが鳴く時の「ケーン」という声と「慳貪」という言葉がかかってできたことわざです。人のお願いに聞く耳を持たず、はねつける様を言います。「ほろろ」は鳴き声、もしくは鳴いた後に羽をバタバタさせる行動です。わたしも目撃した動作です。

「頭隠して尻隠さず」もキジの生態から生まれた表現です。確かにわたしが目撃した時にも、こちらを警戒して草むらに隠れたつもりだけど、お尻から尾にかけて丸見えというシーンが何回もありました。

このほか、「雉も鳴かずば撃たれまい」、「焼け野の雉」などもキジにまつわることわざです。

ヒヨドリ ― 日和（ひよ）って留鳥に

ヒヨドリは散歩がてらの探鳥でも、また、わが家の庭でもよく見かけます。特に冬場は毎日のように見ます。わが国を中心に生息する野鳥なので、外国の愛鳥家が見てみたいトリの一種になっています。

秋、おとなりの家のカキの木に実がなるころになると何羽もが、あの「ヒーヨ、ヒーヨ」という独特の声を出しながらどこからともなく集まってきます。

この「ヒーヨ、ヒーヨ」の鳴き声が「ヒヨドリ」の名前の元になったそうですが、どこからともなく現れたヒヨドリたちは、それまでどこにいたのでしょうか。

実はこれには二通りの見方があるようです。ひとつは冬になると国内の寒い地域から、比較的暖かくエサが豊富な南の地域に渡ってくるという漂鳥であるという見方。もうひとつは国内での渡りをすでに止めて、エサに恵まれた地域を見つけて留鳥になっているという見方です。

どうやらどちらの見方も当てはまっているようで、本来、漂鳥だったヒヨドリが、最近は国内での渡りを都合よく避けて、留鳥になるケースが増えているらしいのです。

わたしはこうした生態を知って「ヒヨドリが日和った」「ちゃっかりヒヨドリ」とか言っていますが、このちゃっかりぶりはメジロとのエサとりの争いの際にも発揮されています。

わが家の庭には、亡き父お手植えのイヨカンの木があります。もう樹齢25年以上で、年によっては冬に100個を超える数の実を付けます。カキの実も落ち、ほかの果実、エサがない時期のヒヨドリ、メジロにとってはこのイヨカンが大のごちそうになります。

このごちそうのうばい合いが毎日くり広げられます。

この争いを見ていると、メジロに比べ体が大きく、くちばしも鋭いヒヨドリが断然有利です。早めに落ちてしまったイヨカンの実を切って枝にさしておくと、すぐにヒヨドリが飛んできてほぼ独占します。

メジロはすばしこさを活かしてヒヨドリがいないちょっとの間に素早く実をつつきます。それをヒヨドリが見つけてすぐに追いはらい、ふたたび我がものにします。何度も何度もそれがくり返されますが、この攻防を見ていると楽しくて飽きません。ちょっと形勢の悪いメジロをついつい応援してしまいますが……。

ヒヨドリの漢字は「鵯」ですが、こうした一見、さもしいような行動からすると「卑しい鳥」なので、名前に「卑」という偏があるのかと思ってしまいますが、これはちがいます。ヒヨドリ（鵯）の「卑（ヒ）」はあくまでも鳴き声「ヒーヨ」の「ヒ」です。ヒヨドリの名誉のためにも書いておきます。

ヒヨドリはするどいくちばしを使って、かたいイヨカンの皮にちゃっかりと穴を開けて実をついばむこともあります。しかし、よく見ていると、そのヒヨドリが開けた穴をメジロが目ざとく見つけてイヨカンをしっかりとついばんでいることもあります。

結局、ヒヨドリだけがちゃっかり者だと思っていましたが、案外、メジロもすばしこく負けずにちゃっかり者、しっかり者なのです。

エサがとぼしい冬、生存競争の中、生きていくためには、やはりこの「ちゃっかり・しっかり」の姿勢がトリの世界にも欠かせないわけですね。

ヒヨドリは昔から人里近くにいた野鳥なので、飼うことがブームになった時代もありました。

ヒヨドリを詠んだ俳句もあります。


「ひよどりの　こぼし去りぬる　実のあかき」　蕪村（ぶそん）

ごくたまにわが家の庭に、冬の渡り鳥のツグミが現れることもあります。ヒヨドリやメジロの食べ残しや、地面に落ちたイヨカンの実をついばんでいる姿を目にしたことが何度かあります。

このヒヨドリとツグミは、スポーツ公園周辺の散歩がてらのバードウォッチングでもよく見かけます。

その探鳥の中でわたしが思い付いて創作した「ヒヨドリとツグミが交流する楽しい友情物語」を、第7章の後のところで特別収録としてご紹介し

ます。ぜひお読みください。

カラス ― 出色の頭のよさで神の使いに

カラスもわが家の周辺や散歩コースでよく見かけます。

カラスのことに関しては松原始著の「カラスの教科書」（2013年　雷鳥社）、「カラスの補習授業」（2015年　雷鳥社）、「カラスの話」（2020年　日本文芸社）などの本を読めばよくわかります。

カラスは鳥類の中では一番頭がいいと言われています。オウム類やインコ類も相当にかしこいトリですが、カラスにはかないません。チンパンジーなどの霊長類（れいちょうるい）にひっ敵するぐらいに知能が高いようです。

例えば日本では、クルミを道路に置いて車にひかせて硬い殻（から）を割って中の実を食べたり、ニューカレドニアでは、木の葉柄（ようへい）を道具にして倒木の中にいる虫をつかまえたりなど、そのかしこさぶりが目撃されています。

こうした考えた動きができる頭のよさはトリの中でも出色（しゅっしょく）です。出色とは「色やつやが、きれいで他より目立っていること」ですが、なぜか「カラスの濡（ぬ）れ羽色」を思い浮かべてしまいます。

カラスは体重に占める脳の比率が高いそうで、それがかしこさを生み出している要因のようです。

こうしたかしこい存在なのでカラスは日本でも世界でも神代の昔から神様のお使い＝神使として崇められるトリでした。日本神話のヤタガラス（八咫烏）や、北欧神話のフギン、ムニンという二羽のワタリガラスなど、多くのカラスが神話に登場し活躍しています。第6章「トリと神仏」の中でもご紹介します。

ハドスンの「鳥たちをめぐる冒険」や、ローレンツの「ソロモンの指環」にもワタリガラスやコクマルガラスが登場します。

カラスの逆襲に遭う

わたしはカラスのかしこさと仲間意識の強さを目の当たりにした「事件」というか、「事故」というかに遭遇したことがあります。

仲間内、同僚とゴルフをした時のことです。ゴルフをされる方は知っているのでしょうが、ゴルフ場にはけっこうカラスが出没します。ボールをくわえて持っていったり、おかしなどの食べものを持っていると取られたりと、ゴルファーにとってカラスはいたずらをするやっかい者で歓迎はされません。

あるホールにやってきた時のことです。わたしよりはるかにゴルフが上手な同僚がティーショットを打ちました。珍しくボールは真っ直ぐに飛ばず、コース右側のバンカー（砂場）の上の土手の方にいきました。すると何とボールはその土手で仲良くいちゃついていた、つがいらしきカラスの一羽に当たってしまったのです。ボールが当たったカラスはその場に倒れこみ、ピクリともしません。かたわらにいるもう一羽が「ガァー、ガァー」と必死になって鳴いてははげましていました。

しばらくそうした状況が続いていましたが、やがてそのはげましが効いたのか、当たり所が悪くはなかったのか、倒れていたカラスが起きあがって動きはじめました。

われわれはそれを見て「よかった、よかった。だいじょうぶだったようだ」と安堵しました。ボールをぶつけてしまった同僚もホッとした様子です。

ところがこの後、カラスの大反撃がはじまったのです。われわれに向かって大声でわめきちらしています。

われわれはカラスのわめき声に追われるようにして事故の起きたそのホールを早々に切りあげ、次のホールに足早に向かいました。

次は池越えのショートホールです。ティーグラウンドに着くと、なんと、先ほどのカラスが先回りしていて、近くにある木立の上からこちらに向かって「ガー、ガー、ガー」と大さわぎしています。先ほどは二羽だったはずのカラスの数がかなり増えています。連絡を取ったのでしょうか。仲間の一大事に多くのカラスが助っ人にかけ付けています。

何と言ってさわいでいるのか、カラスの言葉はわかりませんでしたが、明らかにわれわれを非難しています。

ボールをぶつけた本人がわかるのか、その同僚がティーショットを打とうとすると、カラスの鳴き声のボリュームが一段と上がりました。頭のいいカラスのことですから、ボールをぶつけた人物を判別していたにちがいありません。

われわれはそのホールもあわててホールアウト。カラスの「非難（ひなん）」から「避難（ひなん）」しながらゴルフを続けます。

いつカラスが襲（おそ）ってくるかもしれないという恐怖（きょうふ）のもと、いつになく緊張感（きんちょうかん）のあるプレーが続きました。

幸い、カラスもあきらめたのか、その後、追いかけてくることはなく、何とか無事にその日のプレーを終了することができました。

われわれはボールをぶつけてしまった同僚に、「あの調子なら自分の家までカラスが追いかけてくるかもしれないぞ」などと冗談を言ってからかって笑いました。当たり所が悪かったならば笑いごとでは済まされなかったできごとです。

カラスにとっては、それて飛んだボールが当たった「とんだ災難」でしたが、何とか大事に至らずに済んだのでホッとしました。

そのカラスがハシボソガラスだったのかハシブトガラスだったのかはよくわかりませんでした。「ガァー、ガァー」とにごったような声に聞こえたので、ハシボソガラスだったかもしれません。しかし怒り(いか)まくった時の声は、ハシボソガラスもハシブトガラスも変わらないような気もしました。

ところで、その日の同僚のスコアがいくつだったかは覚えていませんが、「カラス＝Crow（クロウ）」だけに、プレーも苦労（くろう）したように思いました。

カラスのかしこさと仲間意識の強さを目の当たりにした、貴重で少しこわい苦労（Crow）話でした。

トリの基本情報説明

② トリの種類

わたしが子どもの時や大人になってから見たり、接したりしたトリについては第1章、第2章で「トリとわたし」の中で何種類かをご紹介していますが、それを含めてわたしが実際にウオッチしたトリの種類は、せいぜい30種ぐらいなのではないでしょうか。

熱心にバードウオッチングをされ、「トリのトリコ（虜）」になっている方ならもっと数多くのトリを見知っていることでしょう。それでも実際に１００種類のトリを見知っている人はそれほどはいないと思います。

現在、日本で確認されているトリの種類は約６２０種です。これをすべて見知っている人がいるとしたら驚異的、表彰ものです。「トリビアン」でなく「トレビアン」のすばらしいことです。まぁ、それは無理としても、この十分の一の60種のトリを見知っていれば、これはかなりのトリマニア、「トリマニ」と言えますね。

これが世界のトリの種類となると約1万種になります。これをすべて見知っている人はまずいないと思いますが、世界各地にはさまざまな種類のトリがいます。見た目が美しいトリ、鳴き声が魅力(みりょくてき)的なトリ、変わった習性のあるトリなどなど。千差万別です。

　とても種別が多く、種々様々なことを「千種万様（せんしゅばんよう）」と言いますが、まさに世界のトリは千種万様の生きものです。いや1万種なので、「万種万様」「万差万別」ですね。

日本で確認できる600種強のトリの種類を生息地域、行動範囲（こうどうはんい）から分けてみることもできます。

決まった時期に日本を訪れ一定期間を過ごす、いわゆる渡り鳥には、秋に日本に来て冬を過ごし翌年の春に帰る「冬鳥」と、春に来て夏を過ごし秋には日本を去る「夏鳥」がいます。ツグミやツル、カモなどは冬鳥、ツバメやホトトギス、カッコウなどは夏鳥です。

日本に少しだけ立ち寄りますが、渡り鳥ほど長くは留まらないで、すぐに旅立ってしまうトリは「旅鳥」です。シギやチドリなどです。

旅から旅へと渡り歩く時代劇の侍（さむらい）は「旅ガラス」ですが……。

日本からは出ませんが季節によって日本国内を移動するトリは「漂鳥」と言います。ウグイスやムクドリなどです。

ほとんど同じ地域に年中いるのは「留鳥」です。スズメやカラス、キジバト、ハシブトガラス、トビなどです。いつも身近に見られるトリなので、知らないトリを確認する時の大きさの基準になります。ですから「ものさしトリ」とも言います。これらの留鳥（りゅうちょう）の名前ならスラスラと「流暢（りゅうちょう）」に出てきそうですね。

　このほか本来は日本にこないトリで、台風などの天候不良の影響等で日本にたどり着いたトリは「迷鳥」と言います。

迷鳥と思われていたトリが、長年の観察の結果、留鳥だったことが判明するケースもあります。セイタカシギやツバメチドリがそうでした。

地道な観察、バードウオッチングがトリの種類の特定にも欠かせないことがよくわかります。

第3章
トリはなぜ鳴くのか

カラスは勝手に鳴いてない

「カラスなぜ鳴くの　カラスの勝手でしょ」というギャグが1980年代に流行ったことがありました。もちろん鳴くのはカラスの勝手、自由なので、カラスも「なぜ鳴くの？」と聞かれても「鳴きたいから鳴いているのだ」と答えるしかありません。カラスにとっては「そんなこと聞くな！」という気分でしょうが、それでもトリ好きのバードウオッチャーとしては、カラスやほかのトリが鳴いたり、さえずったりしているのを聴けば、だれかに何かを伝えたいからだと考えてしまいます。別に勝手に鳴いているわけではなく、鳴くにはそれなりに理由、目的があるのだろうと思うわけです。

第2章で、ゴルフ場でカラスにボールが当たってしまい、大さわぎになった話をご紹介しましたが、あの時もカラスは大声でわめきちらしてだれかに何かを伝えるために鳴いていました。

わたしには「ガー、ガー、ガー、ガー」と鳴いているように聞こえました。わたしも思わぬ事態に混乱していたのでこの鳴き声の表現は正確ではなかったかもしれません。もっとすさまじく「ガァーッ！　ガァーッ！　ガァーッ！　ガァーッ！」だったような気もします。とにかく激しく、しかも何度も鳴いていたことは確かです。

以前にカラスの鳴き方、鳴いている意味についての記述をネット上で見たことがあります。「鳴

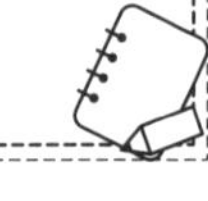

く声の調子だけではなく、その回数によっても仲間に伝える内容を変えている」という説明でした。

「カァー」とか「ガァー」とか1回鳴く時は「あいさつ」ですが、回数が多いと「警戒や威嚇（いかく）」になるというのです。

そしてこれが何回も大声で鳴く場合は、仲間に「集合」を呼びかけているらしいといった内容です。

ゴルフボールが当たって仲間がすぐ横で倒れたことは、カラスにとってはまさに緊急の一大事です。わめきちらしているような鳴き声はずっと続いていました。

そんなに何回も鳴いて大さわぎをしていたのは警戒、威嚇を通り越して、緊急事態への呼びかけで、「敵の来襲だから全員集まれ！」を告げる警報レベルだったのではないかと思います。

だから数多くのカラスが次のホールのティーグラウンド付近の木立にアッと言う間に集合していたに違いありません。

トリのコミュニケーションはトリコミ

こうした状況を見ても、カラスをはじめトリは、鳴くことによって仲間とコミュニケーションを取り、意思疎通(そつう)を図り、いろいろな情報を伝えていることがわかります。

わたしは勝手に、トリが取るコミュニケーションを「トリコミ」と言っています。おたがいに言葉を取りこむから「トリコミ」なのです。鳴き声を交わしている間は「トリコミ中」になります。

カラスは数多くの鳴き方のバリエーションを持っているそうです。

数多くの鳴き方のバリエーションを持っているトリとしてはシジュウカラもいます。

シジュウカラの鳴き声に関しての調査、研究は、鈴木俊貴京都大学白眉センター特定助教（当時　2023年4月に東京大学先端科学技術研究センター准教授に就任）が行っています。2022年6月30日付の日本経済新聞朝刊

文化面にその内容が掲載されていました。

それによればシジュウカラは20以上の単語を使い分けており、さらに200種類以上の文章を作っていると考えられるそうです。

単に本能的な感情の伝達だけではなく、単語や文法がある「鳥語」とも言うべき言葉が存在するようです。「シジュウカラ語」なのかもしれません。鈴木氏のさらなる研究の成果が期待されます。


カラスにしろ、シジュウカラにしろ、トリたちは仲間への情報伝達、コミュニケーションを取るために声を発し、鳴いているわけです。こうして「トリコミ」ができるのは、社会性を持って仲間と暮らしているからで、この点は人間とよく似ています。

人間は声帯を使って発声しますが、トリは肺のすぐ上にある「鳴管（めいかん）」という器官を使って声を出します。人間とトリでは発声器官の構造が違うわけですが、発達した機能を体に備えている点では共通しています。

親や仲間が生まれた子に言葉、鳴き方を教えこんで発声できるようになる点も同じです。赤ちゃんやヒナは親や仲間など身近な存在の発声を真似して言葉を覚えます。

トリのヒナが人間に飼われているペットならば、ヒナは人間を親や仲間と思い、能力がある種類のトリは人の言葉をしゃべるようになります。脳とのつながり具合も人間と同じように機能しているようです。

インコやオウム、キュウカンチョウ、カラス、コトドリ、ホシムクドリ、マネシツグミなどが人間の言葉をしゃべるトリたちです。

セキセイインコは鳴管の回りの筋肉が発達していることもあっておしゃべり上手です。かつては1700語を超える言葉をしゃべるセキセイインコがいたことは第2章でもご紹介しました。

オウムの中には言葉の意味をわかって使っていると思われる個体もいて、それが確かなことなのかが議論となっています。

トリコミはどこまで取りこみ可能か

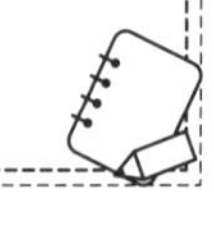

わたしがトリの鳴き声、コミュニケーションで関心を持っているのは、「おたがい、どの範囲まで、言葉（鳴き声）の内容が通じるのか」という点です。「トリコミがどの範囲まで取りこみ可能か」です。どの範囲というのはトリの分類で言えば「目（もく）」とか、「科」とか、「属」とか、「種」とかのことです。
「種」は同種の仲間ですから、これは当然ながら通じるはずです。そうでないと鳴くこと、コ

ミュニケーションの意味がありません。

それではちょっと範囲が広い「属」ならばどうでしょうか。

例えばサギ類であれば、コサギはペリカン目サギ科コサギ属ですが、ダイサギはペリカン目サギ科アオサギ属です。このコサギとダイサギの間でコミュニケーションや会話が成立しているのか、言葉が通じているのかという疑問です。

ダイサギとチュウサギとアオサギならば同じアオサギ属なので、その辺りはどうなのか。

同じサギ類でもゴイサギとの間はどうでしょうか。

サギ類では営巣の大コロニーの中に、コサギやアオサギなどが一緒にいるシーンを見ることがあります。ただだまってそこにいるだけではなく、たぶんそのコロニーの中では何らかのコミュニケーションが成立し、意思疎通、トリコミができているのではないのかと想像したりしています。

カラスならばどうなのでしょうか。ハシブトガラスとハシボソガラスは同じスズメ目カラス科カラス属なので、両種の間でコミュニケーションが成り立つのか。

ハシボソガラスは近年、ハシブトガラスに生活圏をうばわれつつあるよ

うですが、そのテリトリーの争奪戦の中では体による威嚇だけでなく、「言葉（鳴き声）によるおどし」が効いていたりしているのでしょうか。

ミヤマガラスは冬の時期にしか日本にいませんが、そこでハシブトガラスやハシボソガラスと出会うことがあったならば、鳴き声でのコミュニケーションが成立しているのか。信号的な発生ぐらいは通じるのか。

第1章で取り上げたオナガはカラス科のトリです。このオナガとハシボソガラスが野山で出会ったとしたら、コミュニケーション、トリコミは成り立つのでしょうか。「最近、カッコウによく托卵されるので困っているよ」などとオナガがハシボソガラスに愚痴をこぼしているかもしれません。たぶんそんな会話は成立していないと思いますが、警戒や警告など、生活に直結する声ならば、ある程度は通じるような気もします。

やはり同じカラス科のカケスやカササギとなら、どうでしょうか。

さらに、まったく「目」や「科」や「属」が違うトリたちとの間ではどうなのか――などトリの鳴き声、言葉、コミュニケーション、トリコミに関する興味は尽きません。

長年、鳥について詳しく調査、観察、研究されている方からすれば、単なるバードウオッチャーで素人のわたしのこんな疑問、興味は「トリ違え」の見当違いなのかもしれませんが……。

正しい答え、実態はきちんとあるのでしょう。ぜひ知りたいですね。

秋から冬にかけての時期には「混群（こんぐん）」と言って複数の種類が混じり合って集団で行動するトリたちがいます。場所によってはシジュウカラやヤマガラ、ゴジュウカラなどのカラ科のトリたちに、エナガ（エナガ科）やコゲラ（キツツキ科）、メジロ（メジロ科）などが加わることもあります。

混群の目的は何なのでしょうか。これはいろいろな種類のトリが混じり合って集団で行動することで①タカなどの敵からの攻撃を早期に発見し、襲われる危険を回避する確率を上げる②ほかの種類のトリが見つけたエサをうばいとる③他種のトリのエサのとり方を学ぶ——などではないかと言われます。

混群が、敵に襲われないための策であるならば、万が一、危ない場面に遭遇したら、だれかが警戒警報を発するはずです。カラ科の混群では身の軽さと素早さでいつも先頭を行くエナガがこれを担うケースが多いそうです。

その注意喚起（ちゅういかんき）、警報の鳴き声は種類を超（こ）えて通じるはずです。そうでないと混群の意味がなくなってしまいます。

すべての鳴き声の内容、言葉が種を超えて別のトリに通じているのかどうかはわかりませんが、警戒レベルの鳴き声は伝わっているに違いありません。

混群はシギ類やカモ類などにも見られるようです。

地鳴きとさえずりの二刀流

ご存知の方もいらっしゃるでしょうが、こうしたトリが感情、基本的な情報を伝えるための鳴き方を「地鳴き」と言います。一音節で生まれながらに出せる声です。仲間への情報伝達、敵を見つけた時の警戒音、注意喚起などです。

ヒナが親に空腹を知らせる声などもこれです。ヒナはタマゴから孵る直前に声を出し、親は固有の鳴き声で鳴き返してコミュニケーションを取ると言います。この地鳴きが親子の絆の最初のカギとなる「トリコミ」です。

地鳴きは遺伝子で脳に刻みこまれているため、同種なら苦労なく理解できます。混群を構成する近親種でも警戒音などは通じるようです。

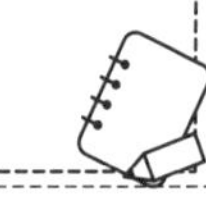

スズメ目のトリには、この地鳴き以外に「さえずり」という鳴き方があります。さえずりには主にふたつの目的があります。ひとつは繁殖期にオスがメスにアピールするために発する鳴き声です。自分がよい声を持った優秀なオスであることを主張します。種類によってはメスがさえずるトリもいます。

もうひとつは自分のなわばり、居場所を宣言するためです。

みなさん、よくご承知でしょうが、春先にウグイスが軽やかに「ホーホケキョ」と鳴いているのはさえずりです。

冬のウグイスは「ジッ、ジッ、ジッ」とか「チェ、チェ、チェ」とかいう、舌打ちをしているような地味なしぶい声で鳴きます。冬場、わが家の庭の生けがきにも時折「ジィ、ジィ、ジィ」「チェ、チェ、チェ」と地鳴きしながら虫などのエサをさがすウグイスが訪れます。

スズメ目の多くのトリが地鳴きとさえずりの二刀流の「トリコミ」で情報交換しながら毎日を生きているのです。

いずれにしろ、トリは人間よりはるかに進化させた発信器官と感受器官を持っているわけです。人間に比べて顔の表情は豊かではありませんが鳴く(発声)、聴く(感受)、見る能力を使ってコミュニケーションを取っているのです。特に聴く力がすごいと言えるでしょう。

トリの動きがトリッキー

わたしは「顔の表情は人間ほど豊かではない」と書いてしまいましたが、セオドア・ゼノフォン・バーバーは著書の「もの思う鳥たち──鳥類の知られざる人間性」(いのちと環境ライブラリー)の中で、トリ同士のコミュニケーションでは身体言語があることを指摘しています。

これはどちらかの羽を上げたり、身をかがめたり、跳びはねたり、羽ばたきをしたりして行われると述べています。まるで「身ぶり手ぶり」のようですね。羽を上手に動かす個体は「羽ぶりがいい」のかもしれません。

トリは種ごとに独自の身体言語を持っているとも言われています。人間から見れば、ちょっとおかしな「トリッキー」な動きも、トリにしてみれば、ひとつひとつが意味のある表現なのでしょう。

「ソロモンの指環」の著者、動物行動学者のローレンツは、トリなどの動物は、われわれ人間よりはるかに精巧な感受器官を持っていて、多くの信号を選択して区別し、人間が用いるよりもわずかなエネルギーでそれに応えることができることを指摘しています。

最近はスマホがあるので、いろいろなトリの地鳴き、さえずりの両方を手元で簡単に比較して聴くことができます。

今年（２０２３年）で50周年となるなど、「愛鳥活動」を熱心に続けられているサントリーホールディングスは、ウェブサイト「日本の鳥百科」を運営しています。それをチェックすればわが国で見られるトリが、どんな声で地鳴きやさえずりをしているのかがよくわかります。わたしもよく利用しています。

また最近はユーチューブで、野鳥観察、探鳥を熱心にされているユーチューバーの動画を見ることも容易です。わたしも自分ではふだんなかなか見つけられない野鳥を見事にとらえて紹介しているユーチューブの動画を見られるので、感心させられるとともに、楽しくチェックしています。

トリ同士が地鳴きやさえずりでコミュニケーションを取っていることはわかりますが、人はトリの鳴き声、鳴き方、「トリコミ」をどのぐらい理解できるのでしょうか。

わたしにはほとんどわかりませんが、ローレンツのようにトリをはじめとする動物の行動、言葉、コミュニケーションなどを熱心に調査、観察、研究している人たちは、高いレベルでこれを理解されていることと思います。

トリと話せる魔法の指輪

ローレンツの「ソロモンの指環」の本のタイトルにもなっているソロモン王のお話はご存知でしょうか?

ソロモン王は旧約聖書「列王記」に登場するイスラエルの第三代の国王です。「ソロモンの指環」は偽典のひとつである「ソロモンの遺訓」に記されている話です。偽典とは旧約聖書の正典・外典に含まれないユダヤ教、キリスト教の文書です。

エルサレムでの神殿の建設が思うように進まない中で、これに業(ごう)を煮(に)やしたソロモン王は山に登って創造神ヤハウエに祈りを捧(ささ)げます。すると大天使のミカエルが現れて、魔法の指輪をソロモン王に差し出しました。ソロモン王はこの指輪を手に入れたことによって多くの天使、悪魔(あくま)を使役(しえき)できるようになり、ついに神殿を完成させることができました。

この指輪の魔力はすごく、指にはめていると、どんな動物とも自由に話ができてしまうというのです。もちろんトリとも会話できたでしょう。

ローレンツはこの話を引き合いに出して、「魔法の指輪がなくても、自分がよく知っている動物となら話ができる」と語っています。ローレンツはトリについても長年、調査、観察、研究を

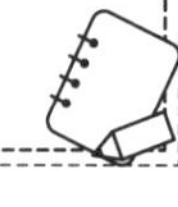

続けていたので、トリの言葉を理解し、会話ができたわけです。「動物の行動をつぶさに観察する」ことの重要性を改めて認識します。

ところでソロモン王はその後、あることに腹を立てて、この指輪を失ってしまいます。あることとは999人いたお妃（きさき）の一人が、若い男性と付き合っているとナイチンゲール（サヨナキドリ）から密告されたために、腹を立てて指輪を投げ捨ててしまったと言います。指輪を失ったソロモン王がもはや動物と話ができなくなったことは言うまでもありません。

さえずりは人もトリコ（虜）にする

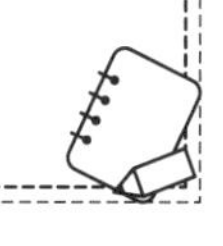

トリのさえずりの美しさは洋の東西を問わず人々を魅了（みりょう）してきました。さえずりは主にオスのトリがメスをトリコ（虜）にするために発するのですが、人もさえずりのトリコになってきました。

ハドスンが著した「鳥たちをめぐる冒険」では、すばらしい声でさえずるトリたちをイギリス各地に訪ねて数多く取り上げています。

その中でハドスンが、イギリスにおいての四大歌手として推しているのがクロウタドリ、ナイチンゲール、ヒバリ、ヌマヨシキリです。

イギリスのヒバリと日本のヒバリとがかなり違うのかどうかはよくはわかりませんが、ヒバリのさえずりの美しさはわたしでも想像できます。「ピーチク、パーチク　ヒバリの子」ですから、小さいころからさえずりの才能があるわけです。すばらしい歌声を聴かせてくれた大歌手「美空ひばりさん」も思い浮かびます。

ヒバリの語源は「日晴（ヒバレ）」です。晴れた空の雲間からさえずりが聞こえてくることから、漢字では「雲雀」と書きますね。

イギリスでは「skylark」、「lark」と言います。「朝」を象徴（しょうちょう）するトリで「子ヒツジとともに寝てヒバリとともに起きる」（Go to bed with the lamb, and rise with the lark.）ということわざもあります。

しかし、ヒバリに比べるとクロウタドリ、ナイチンゲール、ヌマヨシキリについては残念ながらなじみがなく、実際にその姿を見たことも、美しいさえずりを聴いたこともありません。特にヌマヨシキリについては同著で初めてその存在を知った次第です。

幸い、姿に関しては同著の中にそれぞれのトリのすばらしい挿絵(さしえ)(注14)があるので、モノクロではありますが確認できます。

さえずりに関しては現地に赴(おもむ)いて、チャンスがあれば、自分の耳で確認するのが一番よいのでしょうが、なかなかそれも簡単ではありません。

しかし、今は以前とは違ってヨーロッパ、イギリスのトリたちの美しいさえずりも、スマホなどのウェブ上で聴くことができます。

ハドスンが実際に苦労しながら現地で聴いたさえずりとは正確に言えば違うのでしょうが、それでもまったくそのトリのさえずり、声を知らないで、同著を読むのとでは、深みが異なるような気がします。

動画であれば、さえずりだけでなく、原色でその姿、形、動きまでも確かめられます。そのトリのことを関連して調べたいなら、これもスマホが役立ちます。まさにスマホは「魔法の道具」に思えてしまいます。

これが、わたしが「トリあえず(はじめに)」でふれた、「スマホをうまく使うことでこれまでにない展開、情報価値の向上が図れる」の意味です。

われわれは今や、やり方によっては居ながらにして、以前より多角的に眺望(ちょうぼう)できる「パノラマ的読書」を試みることができるのです。

西洋、ヨーロッパではハドスンのご推奨のさえずり上手とは少し違って、一般にはクロウタドリ、ナイチンゲール、そしてロビン（ヨーロッパコマドリ）を「三大鳴鳥」としています。

ちなみに日本のさえずり上手の「三大鳴鳥」はウグイス、オオルリ、コマドリです。

クロウタドリはスズメ目ヒタキ科ツグミ属の体長28センチぐらいの大型のツグミの一種です。全身が黒、くちばしと目の回りが黄色です。和名はまさにそのものずばりの「黒歌鳥」。

イギリスの英語名はこれも名は体を表すで「Black bird」。ビートルズの楽曲「Black bird」はこのクロウタドリのことです。

ところがアメリカ英語の「Black bird」はムクドリモドキ科のハゴロモガラスのことなので、「トリ違え」そうでちょっとややこしいですね。

クロウタドリはヨーロッパではふつうに身近でよく見られるようです。やはりさえずりの声のすばらしさで、春を告げるトリとして昔から人々を魅了してきました。スウェーデンでは国鳥になっています。

わたしもスマホでそのさえずりを聴いてみましたが、楽器のフルートのような、澄み切った、かつ甘い音色がのびのびと響き渡ってきました。

クロウタドリはナイチンゲールほど文学作品などに取り上げられることもなかったので、日本ではそれほど有名ではありません。しかし声の音色の美しさはすばらしく、まったくナイチンゲールに引けをとることはありません。

ナイチンゲールは日本でも名前をよく知られたトリですが、やはり実際の姿を見、さえずりを聴いた人は少ないでしょう。わたしもそのひとりですが……。

ナイチンゲール（Nightingale）とはサヨナキドリ（小夜啼鳥）のことです。昼間だけではなく、夜でも鳴くことからこの名前が付いています。古英語では「夜（Night）に、歌う人（gale）」。

体長16センチぐらいの比較的地味な野鳥です。上面の羽はうすい赤褐色です。ヨーロッパ中部、南部、地中海沿岸、中近東、アフガニスタンなどに生息しています。冬の時期はアフリカに渡ります。

日本では、かつてはナイチンゲールのことを「夜鳴きウグイス」「西洋ウグイス」とか名付けていた時期がありました。

ナイチンゲールのさえずりをスマホで聴いてみると、真似して会得した

のであろうさまざまな音階を得意げにご披露して響かせています。澄んでいながら甘い、しかもそこにアクセントのような擬音が入る、何とも魅力的な歌声です。たぶん一羽、一羽が自分ならではの持ち歌をご披露するのでしょう。

ナイチンゲールは決して「ホーホケキョ」とは鳴きませんが、「ウグイスのさえずりにも勝る、夜も美しく鳴く西洋一の歌い手」です。それで「夜鳴きウグイス」という間違った名前が付いてしまったのですね。「西洋ウグイス」もちょっと無理があります。

「啼く」は囀りの転がるイメージ

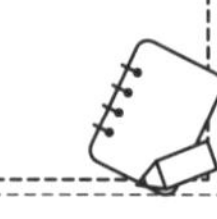

ところでナイチンゲールはサヨナキドリ（小夜啼鳥）ですが、この「啼く」と「鳴く」はどう言葉の意味、ニュアンスが違うのでしょうか。

辞書などで確認してみると「鳴く」はトリを含めた動物全般に使うようですが、「啼く」は特にトリについて用いてもいい表現のようです。トリが声を張りあげて鳴く場合に用いられる表現らしく、これは「囀り」にぴったりです。「囀」という漢字は「転」の旧字から構成されており、まさに「口から転がるように流れ出る小鳥の啼き声のイメージ」ということになりますね。

西洋の「三大鳴鳥」にはロビンもいます。これはヨーロッパコマドリのことです。スズメ目ヒタキ科の野鳥で、ロビンはそのかわいらしい見た目と美しいさえずりで人々に愛されています。体長は13センチ前後。顔から胸にかけての赤橙色が目を引きます。ヨーロッパ全域に生息する留鳥です。警戒心が弱く、人のすぐ近くまで寄ってきます。

日中から夕方までよくさえずるのでナイチンゲールと間違えられることもあります。

わたしもやはりスマホでさえずりを聴いてみましたが、その声は「チュリー、チュル、チュル、チュリー」といったような声で、響きわたる感じです。6月中旬から7月中旬は鳴きませんが、そのほかの時期はほぼさえずりを聴くことができるそうです。オスだけでなく、メスや幼鳥もさえずります。

ヨーロッパではこれらの三大鳴鳥以外ではゴシキヒワのさえずりも人気があります。

ゴシキヒワはヨーロッパ、北アフリカ、中央アジアの平野や低い山林に生息するスズメ目アトリ科の、体長12〜13センチの野鳥です。顔面を覆う暗赤色の仮面が特徴的です。さえずりの声をスマホで確認すると「ツィリッ、ツィリリーリーリー」というような澄みわたる声が聴けます。

ゴシキヒワはアザミの種子を好んで食べます。キリスト教では「アザミは受難の象徴」とする民間信仰があるので、ゴシキヒワも受難の象徴とされることがありました。絵画にも描かれています。

作曲家も魅了される

こうしたさえずり上手なトリたちの声は西洋では音楽に多大な影響を与えました。トリの声、さえずりを音楽に取り入れる動きです。

それを可能にしたのは古代ギリシアが起源で、中世から近代にかけてヨーロッパで発展した記譜法に基づく楽譜の存在です。この記譜法で楽譜に採譜することによって、トリの声、さえずりを西洋音楽に取りこめるようになったのです。

さらに人の声（声楽）による表現だけでなく、フルートやヴァイオリン、ハープシコード、ピアノなどの楽器類が、トリの声、さえずりを表現できる音を出せることも大きな要因となりました。

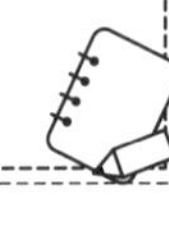

トリの声、さえずりを取り入れた曲をいくつか見てみましょう。

まず声楽ではジャコブ・ド・サンレーシュの「このうららかな美しい季節に」があります。サンレーシュはフランドル（現在のベルギー辺り）出身の作曲家、ハープ奏者で14世紀後半に活躍しました。同曲はトリの鳴き声を音として反映させた最も古い作品のひとつと言われています。

声楽では16世紀のフランス・ルネサンス期の作曲家、クレマン・ジャヌカンの「鳥の歌」があります。ジャヌカンはシャンソンの創始者のひとりです。

同曲の歌詞中にはワキアカツグミやサヨナキドリ、カッコウなどのトリが登場します。それらのトリのさえずりを模した声のハーモニーが響きます。

楽器の演奏によってトリの声、さえずりを表現した曲も数多くあります。ヴィヴァルディ（ヴェネツィア）の代表作、ヴァイオリン協奏曲集「四季」にも、第1番ホ長調「春」には小鳥のさえずりが、第2番ト短調「夏」にはカッコウ、ヤマバト、ゴシキヒワなどが鳴き交わす場面があります。

ヴィヴァルディの「四季」は日本でも大人気のクラシック音楽ですが、わたしも大好きな曲です。

実は私事ですが、わたしの姪（平崎真弓）はバロックヴァイオリンの演奏家で、ドイツ（ケルン在住）を拠点に演奏活動を続けています。

2017年5月にコンチェルト・ケルンのコンサートミストレスとして来日公演した折には、三鷹市芸術文化センターで、師弟関係である名手、ジュリアーノ・カルミニョーラ氏との協演で、「四季」を聴く機会に恵まれ、至福の時を過ごすことができました。

フランス・バロックを代表する作曲家のひとりクープランは、トリを

テーマにしたハープシコードの曲を多数、作曲しています。「恋の夜鳴きうぐいす」などです。

ドイツ出身で、イギリスで活躍したヘンデルは、「オルガン協奏曲　第13番へ長調」の第2楽章でカッコウとナイチンゲールが鳴き交わす様子を表現しています。

ベートーヴェン（ドイツ）は交響曲第6番「田園」第2楽章「小川のほとりの情景」でサヨナキドリやウズラ、カッコウの声を採譜しています。


近代音楽、現代音楽でもトリの声、さえずりを描写した曲が作られています。

イギリス近代音楽の礎（いしずえ）を築いたヴォーン・ウィリアムズはヴァイオリンと管弦楽のためのロマンス「揚げひばり」を作曲しました。

フランスの現代音楽の巨匠（きょしょう）である作曲家メシアンは、実際にトリのさえずりを採譜して数多くの曲を作りました。

ピアノ独奏曲「鳥のカタログ」にはさまざまなトリが登場します。ベニアシガラス、コウライウグイス、イソヒヨドリ、カオグロヒタキ、モリフクロウ、モリヒバリ、ヨーロッパヨシキリ、ムナジロヒバリ、ヨーロッパウグイス、コシジロイソヒヨドリ、ノスリ、クロサバクヒタキ、ダイシャクシギなどです。

「鳥の小スケッチ」にもヨーロッパコマドリやクロウタドリ、ツグミ、ヒバリが登場します。

かつてメシアンが来日した折には、滞在先の軽井沢でもトリの声を採譜したそうです。

トリの声、さえずりを採譜して作曲できるヨーロッパの伝統的な技と感性が、数多くの名曲を生み出したと言えるのではないでしょうか。

日本では西洋のようにトリの声やさえずりを音楽に取りこむような動きはなかったようです。これは西洋のような発展した記譜法、楽譜がなく、トリの声、さえずりを採譜する術がなかったことや、それを描写するのにふさわしい楽器がなかったことによるものと考えられます。ただ美しいトリの声やさえずりへのあこがれは一緒で、それを生活の中で楽しむ動きは活発でした。

「メジロの鳴き合わせ会」や「鶉合わせ」などが盛んに行われていたことはすでにご紹介しました。ウグイス、コマドリ、オオルリを「日本の三大鳴鳥」として評価したことも、西洋と同じく美しいさえずりへのあこがれからです。

春先、わが家の近くでもシジュウカラが美しいさえずりを聴かせてくれます。たぶん教えを乞うた親か先輩が美しい声、さえずりの持ち主だったのでしょう。その伝統が次の世代に受けつがれ、長く美しいさえずりを聴けることを期待しています。

最近ではトリの美しい鳴き声、さえずりを聴くことが、人間に癒しをもたらしてくれるのではないか、という研究も注目されています。

トリの基本情報説明

③ トリの数

世界に、と言うか、この地球上に現在、どのくらいの数のトリがいるのでしょうか。

「そんなことはわかるはずがない！」という声も聞こえてきそうですが、実はおおよその推定値が出ているのです。

それは500億羽～4280億羽。かなりの幅がありますが、2021年5月に発表された推定値です。ニュースになっていました。

実はその推定値を出すことになったきっかけは、ある人がトリの大きな群れを目撃したことでした。

その人はオーストラリアのシドニーにあるニューサウスウェールズ大学所属の生物学者コーリー・キャラハン氏（当時）。同氏は2015年にアメリカ・フロリダの湿地帯でミドリツバメの大群を目撃しました。その数は50万羽を超えていたそうです。その大群のトリの数を推定した時に、世界のトリの総数の推定値を出すことを思い立ちました。そこでそれを思い立つなんてすごい人ですね。同氏と研究者たちは、専門の科学機関と市民科学者の両方が集めたデータを組み合わせる独自の方法を用いて推定値を出しました。この結果は世界の全鳥類種の92％をカバーしていると言います。

ほかに世界の全鳥類数は３０００億羽という推定値もあります。ざっくりとした数字ですが、今この地球上には数千億羽のトリが生息しているということでしょうか。

野生のトリで現在、最も多いとされているのがアフリカのコウヨウチョウです。その数は約15億羽と推定されています。第7章の「トリがあぶない！」でご紹介している絶滅鳥のリョコウバトは50億羽超が生息していたと言われています。

飼養されているトリで多いのはニワトリです。その数は世界中では約２３０億羽と推定されています。第二次世界大戦後、アメリカで食肉用（ブロイラー）と採卵用に分けて大規模に飼養する仕組みができ上がり、それが各国に広まったことで、ニワトリの数も増えました。

日本では約3億羽のニワトリが飼養されています（２０２１年畜産統計）。採卵用の成鶏メスが約１億４０００万羽、ブロイラー（食肉用）が約1億４０００万羽です。

日本では２０２２～２０２３年にかけて各地で高病原性鳥インフルエンザが流行し、殺処分対象となったニワトリの数が過去最多の約１７７１万羽となりました。特に採卵用の成鶏メスに殺処分が集中したので、タマゴの生産に大きな影響が出て、タマゴの値段も跳ね上がりました。

日本人は世界的に見てもタマゴの消費量はトップクラスで、一人当たり年間に３３７個（２０２１年）のタマゴを消費します。値段の高騰（こうとう）による買い控（びか）えで、タマゴかけご飯の回数を減らした人が増えていたら、タマゴの消費量はちょっと減ったかもしれませんね。

第4章

トリと人 I
―トリへのあこがれ

トリのように空を飛びたい

たびたびご紹介しますが、人類の起源は700万年から500万年前と言われています。クロマニョン人などの現生人類ならばそれは約20万年前です。

一方、現生鳥類の祖先の起源は約6600万年前ですから、この地球上では鳥類は人類の大先輩なのです。

人類は脳を発達させることで、より深く広くものごとを考えられるようになり、さまざまな環境に対応してきました。

大先輩の鳥類に対しても、人類はある種の「あこがれ」を抱きながらいろいろなことを学び、影響を受けてきました。

この章と次の第5章で「トリと人との関係」を「あこがれ」や「恩恵」をキーワードに見ていきたいと思います。

こうした人類とトリとの関係を各方面から詳しく紹介しているのが、細川博昭著の「鳥と人、交わりの文化誌」（2019年 春秋社）です。読めばトリと人類との浅からぬ関係がよくわかります。また同氏著の「鳥を識る」（2016年 春秋社）は鳥の体の特徴や生態、進化などについて詳しく学べるおすすめの本です。

人類が鳥類にあこがれた能力のひとつは「空を飛べる」ことです。木の上から下りて二足歩行をはじめ、熱帯雨林からサバンナに出た人類は、歩いたり走ったり、道具を使ったり、そして言語を操るなどの能力を身に付けました。しかし自らが空を飛ぶことはできませんでした。大空を自由に飛翔するトリを見れば、自分たちにできないことをやってしまう稀有(けう)な存在として、あこがれを抱(いだ)いたのは納得できるところです。

「空を飛べること」は「天に近いこと」です。人類に宗教心や信仰(しんこう)心が芽生える中で、太陽がかがやく天は神様のいる領域になります。その天＝神に近い存在が、空を飛ぶことができる鳥類でした。

ですから人類にとって鳥類は天の神様のお使い、神使として崇める存在となりました。この辺りについては第6章の「トリと神仏」で改めて取り上げます。

「自らがトリのように空を飛ぶことはできないけど、何か道具などを使って工夫し、トリのように空を飛んでみたい」。人はトリを見ているうちにそのように考えるようになり、空を飛ぶことを模索(もさく)します。

まずはトリが羽ばたき、空を飛ぶ姿をしっかりと観察、研究することからです。人類の飛行への挑戦(ちょうせん)がはじまりました。

ご存知の話もあると思いますが、人類が空を飛ぶことへの挑戦の、世界的な動きを見てみましょう。

ダ・ヴィンチ ― トビの羽ばたきで飛びを研究

フィレンツェ共和国（現在のイタリア）のルネサンス期に活躍した天才、レオナルド・ダ・ヴィンチは、生涯にわたって空を飛ぶことを夢見たと言います。トリの飛翔を研究して、比類なき創造力を活かしてヘリコプターの概念を導き出します。

1490年に「オーニソプター」（羽ばたき式飛行機）を考案、設計図を描きました。これはトビの羽ばたきや飛行、骨格などをつぶさに観察、研究、解明したものです。「トビの羽ばたきで飛びを研究」したわけです。脚力を使う仕組みでした。

オーニソプター（ornithopter）の名称は古代ギリシア語の「鳥」（ornithos）と「翼」（pteron）を語源としています。

ダ・ヴィンチは「鳥の飛翔に関する手稿」も残しています。飛行実験も行いましたが、どうやらうまくはいかなかったようです。

ダ・ヴィンチ以降も羽ばたき式の飛行体での挑戦が続きました。

17～19世紀にかけては、ヨーロッパの各地でいろいろな工夫をこらした人力オーニソプターの設計、制作が進められました。特にフランスでは熱心な挑戦が続きました。

しかし、羽ばたき式の人力オーニソプターでは苦労の割には、なかなか思うような飛行の実現には至りませんでした。中には自信作で挑んだものの、飛行がうまくいかずに墜落（ついらく）して命を落とす人もいました。

そんな中、19世紀前半、イギリスの物理学者のジョージ・ケイリー卿（きょう）が、トリの飛翔から「揚力（ようりょく）」と「推力（すいりょく）」を導き出します。ケイリー卿は羽ばたき式ではなく、固定翼による動力飛行体（グライダー）を設計、制作します。１８４９年には10歳の子どもを乗せて数メートル飛んだと言います。

さらにドイツのオットー・リリエンタールはコウノトリの飛翔研究からグライダーを設計、制作しました。

こうして20世紀を迎える前に羽ばたき式の飛行体の開発は下火となり、代わって固定翼による動力飛行への可能性が広がっていきます。

ライト兄弟 ― タカの飛翔がヒント

このような流れを汲んでアメリカのライト兄弟が、タカの飛翔をヒントに開発した固定翼の動力飛行機で人類初と言える飛行に成功します。

1903年に弟オーヴィルがノースカロライナ州キティーホーク近郊で、12馬力動力を搭載した「ライトフライアー1号」で12秒、約36・5メートルを飛びました。4回目には59秒、159・6メートルまで記録を伸ばしました。

これが、人（人類）が飛行機を使ってトリのように空を飛ぶ、可能性に満ちた出発点になったわけです。

日本でも、トリを参考にして制作した飛行体による飛翔への取り組みがありました。

1785年ころ、備前（現在の岡山県）の表具師・浮田幸吉は、ハトの体重や翼の長さなどをいろいろと確認し、人間を中心に置いた飛行機械を制作しました。実験ではわずかに滑空したと言います。

やはり1780年代、琉球（現在の沖縄県）の花火師・安里周當は、竹の弾力を使う人力オーニソプターを制作しました。息子の周祥も飛行に挑戦したという話もあります。

江戸時代の科学者で、日本で初めて反射望遠鏡を制作した滋賀県長浜市出身の鉄砲鍛冶、国友一貫斎（1778～1840年）は、トリの形をした飛行機も考案し設計図を描きました。その飛行機の名前は「阿鼻機流　大鳥秘術」です。「あびきる」はラテン語の「AVICULA」が語源らしく「小鳥」を意味します。2020年6月に詳細を記した設計図が新たに見つかりニュースになりました。

トリの形をした幅13メートルくらいの一人乗りの飛行機ができあがる設計図ですが、実際には組み立てられて飛んだという記録はないようです。

1849年、三河（現在の愛知県）の戸田太郎太夫は羽ばたき式の人力飛行体で飛行実験を行いました。

二宮忠八 ― カラス型模型飛行器

二宮忠八は1891年、カラスの飛翔をヒントに、「カラス型模型飛行器」を制作しました。動力にゴムを使用しました。小型なので人が乗ることはできませんでしたが、10メートルを飛行したそうです。ライト兄弟の飛行より12年も前の取り組みです。

こうして諸外国でも、日本でも、人はトリから飛翔に関するさまざまなことを学び、今日の航空機の出現、発展に結び付けていったのです。トリという存在がなければ、人が空を飛ぶという夢も見ず、それが実現することもなかったでしょう。

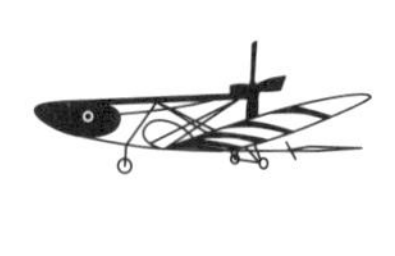

国章にデザイン

思うままに空を飛べるトリは自由、強さ、気高さ、優雅(ゆうが)さ、速さなどの象徴として、さまざまなところにシンボル化されて用いられてきました。権力の象徴として使われることもありました。国家を象徴する紋章(もんしょう)のことを国章と言いますが、この国章にトリを採用している国は数多くあります。国章はその国の風土や文化、歴史を反映してデザインされています。そこに登場するトリはまさにその国の人々に愛され、親しまれてきた存在です。その国を代表する生きもの、シンボルと言っても過言ではありません。

日本が承認している世界195カ国（2022年現在）に日本を加えた196カ国のうち、3分の1強の国章にトリが描かれています。

それらのトリの中で数多く見られるのはワシです。ワシはトリの中でも王者としての風格を備え、強さや勇猛さを思い起こさせます。はるか遠くまでを見通し、俊敏に獲物をとらえるその姿は勇士そのものです。古来より各地で強さの象徴として尊ばれ、紋章に使われたことも肯けるところです。

ワシは神話の世界でも、ギリシア神話のゼウスなどの最高神の象徴として崇められました。この辺りの話は第6章の「トリと神仏」でもご紹介します。

古代ローマ帝国の国章にはワシが描かれていました。ヨーロッパでは今日でもドイツやオーストリア、チェコ、ルーマニア、ポーランド、モルドバ、リヒテンシュタインなどの国が国章にワシを描いています。

アルバニア、モンテネグロ、セルビア、ロシア連邦の国章にはワシでも、双頭のワシが描かれています。

双頭のワシは東ローマ帝国が紋章として使っていた歴史があります。オーストリアの王家・ハプスブルク家の紋章も双頭のワシです。

「双頭の鷲」に関してはわたしにもなつかしい思い出があります。

小学校高学年の時に合奏コンクールに出たことがありましたが、その時に演奏したのがワーグナー作曲の「双頭の鷲の旗の下に」という行進曲でした。

ワーグナーは1880年代にこの行進曲を作曲しましたが、「双頭の鷲」は当時のオーストリア・ハンガリー帝国のシンボルでした。

コンクールでの演奏は緊張して地に足が着かない状態でしたが、本来はしっかりとした足ドリで地を進む、元気あふれる行進曲です。

ちょっと気分が落ちこんでいる時に「双頭の鷲の旗の下に」のメロディーを口ずさめば、小学校時代のなつかしい記憶もよみがえり、なぜか元気が出ます。


国章にワシをデザインしているそのほかの国としてはアメリカ合衆国やメキシコ、エジプトもあります。

アメリカ合衆国のワシはハクトウワシで1782年に議会で国鳥に制定されました。メキシコのヘビをくわえたワシはアステカの建国伝説に由来します。


国旗にトリをデザインしている国もあります。

グアテマラの国旗には世界一美しいと言われるトリ、ケツァール（カザリキヌバネドリ）が描かれています。パプアニューギニアの国旗にはやはり美しいゴクラクチョウ（フウチョウ）が見られます。

美しいケツァールやゴクラクチョウを実際に自分の目で見られたら、それこそ鳥肌が立つほどに感動することでしょう。


国章や国旗に描かれているトリはその国を代表する国鳥である場合が多いのですが、国章や国旗に登場しなくても、その国が国鳥として認めているトリも数多くいます。

わたしが国鳥の中で興味を覚えたのはニュージーランドのキーウィです。キーウィと言えばあの果物、キウイフルーツを思い浮かべますが、トリのキーウィはニュージーランドのすばらしいお国事情も教えてくれる貴重な国鳥なのです。


外敵がいない環境下で進化してきたため、羽は退化して飛ぶことはできません。

メスは大きめのタマゴを産みますが、これを温めて孵すのは専らオスの役割です。オスは積極的に育雛（いくすう）に参加してメスと協力して子育てをします。

このキーウィの行動にちなんでニュージーランドでは、家事、育児に積極的に参加する協力的なご主人のことを「キウイ・ハズバンド」と呼んで

います。

これは何も特定なご夫妻間の話ではなくて、国や社会全体に男女平等の考え方、対応が浸透している表れなのです。

ニュージーランドでは１８９３年に世界で初めて女性の参政権が認められるなど、女性の社会進出が進んでいます。女性が働き、夫婦が協力して家事や育児をするのは特別なことではなくごく自然で、男女平等の社会が実現しているのです。

同国のジャシンダ・アーダーン前首相が２０１８年に現職ながら６週間の産休を取り出産、復職されたことは記憶に新しいところです。当然ご主人もキウイ・ハズバンドとして、同前首相を支え続けていたことは言うまでもありません。国のトップ自らがこうしてお手本を示しているわけです。

日本のイクメンのような男性、ご主人が普通にいる社会なのですね。

それをキーウィというトリの行動、性質が端的に示唆しているところが姿、形だけでない、まさに国鳥としての存在感を発揮しているように思えてとても感心します。

日本の国鳥はキジです。１９４７年に日本鳥学会が選定しました。キジについては第２章で詳しく解説しました。

県鳥所在地を守る

日本ではこの国鳥とは別に、各都道府県のトリ＝県鳥が選定されています。これは1963年に当時の林野庁の通達によって定められたものです。鳥獣の保護を進めるための事業計画のひとつで、現在は「鳥獣保護管理事業計画」になっています。

「鳥獣の保護及び管理並びに狩猟の適正化に関する法律」第4条によって、都道府県知事が各地域の事情を勘案(かんあん)して定めるものです。野生鳥獣を適切に保護・管理して、鳥獣の保護・管理行政の根幹を担う計画です。

この県鳥の中には絶滅危惧種に指定されている貴重なトリもいます。これら県鳥の居場所を守ることが大切です。県庁所在地も重要ですが「県鳥所在地」も重要なのです。

都道府県が定めたトリをいくつか見てみましょう。

まずは同じトリを選んでいる県から。長野県、富山県、岐阜県の三県がライチョウを県のトリに指定しています。ライチョウは北アルプスや南ア

ルプスなどのハイマツが生えるような高山帯に生息するキジ目キジ科の貴重な野鳥です。

山形県、鳥取県、長崎県の県のトリはいずれもオシドリです。オシドリはカモ目カモ科の、皆さんがよくご存知の水鳥ですね。仲のよいご夫婦のことを「オシドリ夫婦」と言うぐらいですから、このトリのつがいもとても仲がいいように見えます。つがいになっている時はいつも一緒にいる感じです。わたしも近くの散歩コースの用水路で仲のよい姿を見たことがあります。

群馬県、秋田県、宮崎県はヤマドリを県のトリに指定しています。ヤマドリはキジ目キジ科の日本古来の野鳥です。このうち宮崎県のヤマドリは「コシジロヤマドリ」という亜種で、霧島山系など九州南部にしか生息していません。

このほかキジやハクチョウ、メジロ、コマドリ、ウグイス、ヒバリが二つの県から県のトリに選ばれています。

京都府のオオミズナギドリ、広島県のアビは漁師に親しまれているトリですが、詳しくは後ほどご紹介します。

市町村でも象徴としてのトリを指定しているところがあります。すで

に清瀬市のオナガはご紹介しました。ちなみに東久留米市、東京・世田谷区のトリも同じオナガです。

アカコッコは伊豆諸島に生息する日本の固有種で八丈（はちじょう）町、三宅村が指定しています。

このほかにもご紹介したいトリ、ケースがいろいろとありますが、長くなりますのでトリやめます。

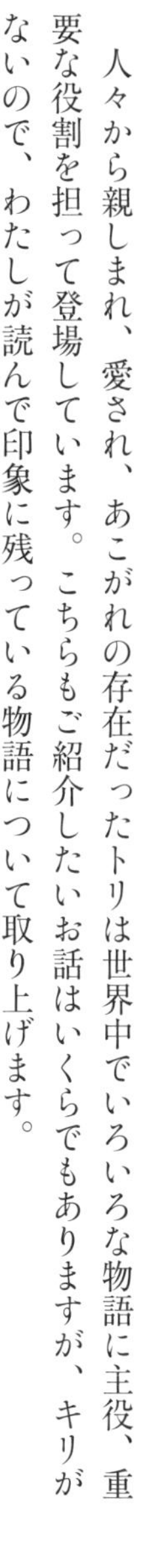

物語に登場して活躍

人々から親しまれ、愛され、あこがれの存在だったトリは世界中でいろいろな物語に主役、重要な役割を担って登場しています。こちらもご紹介したいお話はいくらでもありますが、キリがないので、わたしが読んで印象に残っている物語について取り上げます。

海外の物語の中でわたしが最も印象深かったのは「幸せな王子」です。

みなさんもこのオスカー・ワイルドの、銅像の王子とツバメとの交流を描いた物語をよくご存知のことと思います。

わたしはこの物語を読んで、「銅像であっても、ツバメであっても『心』があるものは、思いやり、友情を持って交流ができるのだ」ということを強く感じました。

今さらですが、物語はザッと次のようなあらすじでした。銅像でありながらも心を持つ王子は自分の身を削ってでも街の貧しい人、困った人を助けたいと願います。動けない自分に代わってその願いを、エジプトへの渡りの途中で自分の足元に立ち寄った一羽のツバメに託します。

目玉であるサファイアを捧げるなどの自己犠牲をして人助けをする王子に協力しているうちに、心動かされたツバメは渡りをやめて王子に尽くします。

やがて人助けに身を削りボロボロになった王子もツバメも力尽きて死んでしまいます。ゴミとして捨てられ、その姿、形はなくなってしまった王子とツバメでしたが、物語を読んだわたしには自己犠牲をして人を助ける博愛の精神、思いやりの大切さが深く心に残ったお話でした。最後に神様がちゃんとそれを見ていてくれたことに、何かホッとしたものを覚えました。

このほかトリが登場する海外の物語で好きだったのは「ジャックと豆の木」や「みにくいアヒルの子」などです。

日本の物語で注目したいのは「桃太郎（ももたろう）」です。こちらもみなさん、よくご存知のお話ですね。登場するトリはきび団子をもらう代わりに、桃太郎の家来になったキジでした。

キジについてはすでにご紹介しましたが、オスは美しい姿の割には勇猛果敢（ゆうもうかかん）な性格で、わが国の国鳥にも選ばれています。桃太郎の家来になってもこの勇猛果敢の持ち味を発揮することを期待されました。

ちなみにキジ以外の家来はイヌとサルですが、イヌは忠誠心を、サルは知恵を期待されての採用でした。

キジの重要な役割はもうひとつあります。これは家来のイヌとサルとの仲裁役です。イヌとサルはご存知のように「犬猿の仲（けんえんのなか）」と言われるぐらいですから、道中、もめてケンカになる可能性大です。そうなった時には間に入っていさかいを止める役割が必要です。この役目をキジが担ったわけです。

このことにも関係ありますが、桃太郎の物語には「陰陽五行思想（いんようごぎょうしそう）」が反映されています。

どうして桃太郎の家来がサル、キジ、イヌになったのか。桃太郎の物語の見せ場のひとつは鬼ヶ島（おにがしま）への鬼退治ですが、陰陽五行思想では鬼がいる方位は「鬼門（きもん）」と言われ、これは北東＝「丑寅（うしとら）」にあたります。

その鬼門の正反対の方位が「裏鬼門」になり、これは南西＝「未申」です。申（サル）から北の方向に十二支を回れば、酉（トリ＝キジ）、戌（イヌ）となり、鬼退治に参加した三家来がそろうわけです。

十二支でも申（サル）と戌（イヌ）の間に仲裁役の酉（トリ）がちゃんとはさまっているところがおもしろいですね。

桃太郎の物語の起源は古事記にあるとも言われています。遠い昔から人々の間で伝承されてきた物語であり、そこに登場するキジも古来より親しまれてきた身近なトリであることがよくわかります。

平安時代末期、十二世紀初めに成立したとされている説話集、今昔物語集にはタカやワシ、カモ、トビ、オウム、ツルなどのトリが登場する話が収録されています。

「爪王」というお話はご存知でしょうか。動物作家の戸川幸夫が書いた、山深い東北でのオオタカと鷹匠との、鷹狩をめぐる友愛・交流の物語です。

野生そのものの若いオオタカが老練の鷹匠の手によって、最強の鷹狩のタカに育っていく過程、真剣勝負の世界が克明に描かれていて、読む人の心を引き付けます。

鷹狩の発祥は紀元前３０００～２０００年の中央アジア、モンゴル高原辺りと言われています。その後世界各地に広まり、日本には仁徳天皇の時代の３５５年に大陸から伝えられました。

鷹狩に使われたのは主にイヌワシやオオタカ、ハイタカ、ハヤブサなどの猛禽類です。

徳川家康が鷹狩を好んだこともあって、日本では江戸時代に最盛期を迎えました。鷹狩ができる場所として鷹場を設け、鷹狩に関する法律を定め、幕府が管理するほどの力の入れようでした。

しかし明治時代以降はだんだんと鷹狩の熱は下火になり、今日では大型の猛禽類を使って冬山でも狩りをする伝統的な鷹匠と言われる人はごくわずかになったようです。

その「国内最後の鷹匠」と言われる松原英俊鷹匠の興味深い記事が２０２２年10月７日付日本経済新聞朝刊に載っていました。

実はこの松原鷹匠の師匠こそが、戸川幸夫が書いた爪王に登場する鷹匠のモデルでした。


わたしは動物作家では椋鳩十も好きです。

わたしが椋鳩十作の物語を初めて読んだのは、確か小学校高学年だったと思います。トリについての話ではありませんでしたが、教科書に「片耳の大鹿」の話が載っていて夢中になってページをめくった記憶があります。野生動物（片耳の大鹿）の持つ威厳、そしてそれを受け容れざるを得ない人間（狩人）の無力さ、そして従順にならざるを得ない大自然の偉大さなどを感じ取りました。

それ以降、わたしは椋鳩十のファンになり、トリに関する物語もほとんど読みました。

やはり小学校の教科書によく載っている「大造じいさんとガン」や「最後のワシ」「ああタカよ」などは物語の展開に引きこまれ、ワクワクしながら読み進めたものでした。

このほかトリが登場する日本の物語で印象深かったのは「鶴の恩返し」や宮沢賢治作の「よだかの星」などです。

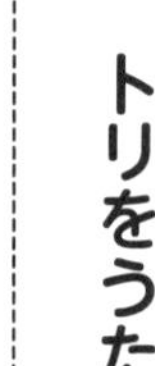

トリをうたう

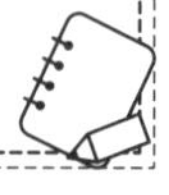

花鳥風月を愛でる日本人は、昔から俳句や和歌の季語、題材としてトリを詠んできました。花鳥風月とは美しい自然の風物のことですが、鳥がいてはじめて「花鳥風月」が成り立つわけです。トリを詠んだ俳句や和歌も取り上げればキリがないので、わたしが好きで印象に残っている俳句、短歌を選んで少しだけご紹介します。

トリを詠んだ好きな俳句のひとつは松尾芭蕉の有名な次の句です。

「枯枝に　烏とまりけり　秋の暮」

秋の夕暮れ時に、カラスがぽつんと枯れた木の枝に止まっている、何か冬がすぐそこにきているような静寂感が自然に伝わってきます。枯れた木と黒いカラスのシンプルな取り合わせが、墨絵のような寂とした空気感を醸し出しています。

カラスは何羽止まっているのか。定かではありませんが、わたしは勝手に一羽だと思ってこの句を味わいました。

トリを詠んだ和歌のうち、次の一首も秋の暮れの風情です。

「心なき　身にもあはれは　しられけり　しぎ立つ沢の　秋の夕暮れ」

新古今和歌集にある西行法師の有名な歌ですので、ご存知の方も多いでしょうね。

出家して、もののあわれ、情緒を感じる心を断ってしまったわたしのような身でも、趣が感じられてしまう、そんなシギが飛び立つ沢辺の秋の夕暮れ。それはどんな風情なのでしょうか。ぜひともその景色に見とれ、浸ってみたくなりますね。

たぶん、シギは一羽ではなく、数羽が秋のつるべ落としの夕暮れにシルエットのように、さぁっーと飛び立ったのだろうと、勝手に想像してしまいます。

わが国に現存する歌集で最も古い万葉集にも、トリを詠んだ歌がいくつもあります。

詠まれているトリはウグイスやキジ、ヤマドリ、ホトトギス、ウ、ウズラ、モズ、オシドリ、チドリなど30種類ほどになります。

その中からヤマドリを詠んだ歌を一首。

「あしひきの　山鳥の尾の　しだり尾の　長々し夜を　ひとりかも寝む」

「雄雌（オスメス）が夜は離れて寝るというヤマドリ。そんなヤマドリの長い尾のように長い秋の夜長を、わたしは逢いたい人にも逢えずに、ひとり寂しく寝るのだろうな、きっと」というような意味でしょうか。

はっきりはしていませんが、ヤマドリはキジ科のトリですが、一夫多妻と言われるキジとは違って、一夫一婦の仲のよいトリのようです。そんな仲良しのヤマドリも昼間は一緒に過ごしても、夜は別々に寝るらしいと言い伝えられています。

万葉集にあるこの歌の作者は不明ですが、後に藤原定家が選んだ「小倉百人一首」(注15)では、この歌の作者は柿本人麻呂（かきのもとのひとまろ）になっています。

どなたの作かはっきりしませんが、いずれにしろ、作者はヤマドリの習性、言い伝えをよくわかってこの歌を詠んでいるのですね。

万葉集に登場するトリを歌とともに興味深く紹介している本としては、山下景子著の「万葉の鳥」（2021　誠文堂新光社）がおすすめです。

また小倉百人一首ではヤマドリのほか、カササギ、ニワトリ、チドリ、ホトトギスが詠まれています。

わたしはこの小倉百人一首には小学生のころから親しんでいました。母親が嫁入りの時に持参したものなのか、わが家に小倉百人一首のカルタがありました。お正月になると家族で百人一首のカルタ取りをやって遊んだ記憶があります。母親はほとんどの歌の上の句、下の句を覚えていて、とてもカルタ取りではかないませんでした。

父親からはメジロなどの小鳥の世話の仕方などを教えてもらいましたが、母親からは百人一首でトリの歌を教えてもらいました。


トリが登場する西洋音楽については第3章でご紹介しましたが、日本の唱歌や歌謡曲にもトリがいろいろと出てきます。こちらもすべてを紹介するわけにはいかないのでしぼります。

まずは唱歌。わたしの好きな唱歌は「夏は来ぬ」です。この歌は1896年5月に佐佐木信綱作詞、小山作之助作曲で発表されました。佐佐木信綱は歌人・国文学者でもあったので、歌詞からは日本の古典にも取り上げられたトリなど、「夏の風物」が登場して勉強になります。また歌詞の意味にも奥深さを感じます。

1番の歌詞は「卯の花の匂う垣根に時鳥（ホトトギス）早も来鳴きて忍音もらす夏は来ぬ」で

すね。

登場するトリはホトトギスです。ホトトギスは第1章でも主にウグイスに托卵するトリとして紹介しました。万葉集や古今和歌集、新古今和歌集などわが国の古典文学にも数多く取り上げられています。

時鳥、不如帰、子規、田鵑、杜鵑、杜宇、蜀魂など漢字での表記もいろいろあります。昔から日本で人気があるトリですが、中国の故事にも出てきます。

卯の花とホトトギスは相性がいいようで、万葉集や枕草子（まくらのそうし）にもそろって取り上げられています。卯の花は江戸時代以降、ウツギという植物としてとらえられたようです。

「卯の花は香りがしない」そうです。ですから「卯の花の匂う」とは「香りがする」のではありません。古語では「匂う」は「美しく映える」「美しく咲いている」という意味なので、ここでも白い卯の花が垣根で輝（かがや）かしく咲いている様を表していると解釈できます。そこにお待ちかねのホトトギスがやってきます。

ホトトギスはインドや中国南部辺りから5～6月ぐらいに日本に渡ってくる夏鳥ですから、ちょうど旧暦（きゅうれき）の卯月（現在では5月）、卯の花が咲くこ

ろに日本にやってくるわけです。

きっとホトトギスが力いっぱい本格的に鳴く時期からは少し早い初夏なので、唱歌では「早も来鳴きて」なのでしょう。

そして「忍音もらす」。「忍音」はホトトギスの「初音」と言われます。この初音を聴くために古くから風流人はホトトギスを探し、待ちました。枕草子にもホトトギスの初音を聞こうと夜を徹する様子が描かれています。

いずれにしろホトトギスは昔から初夏の到来を告げる待ち遠しいトリ、まさに「時鳥」だったのです。

この歌が、ホトトギスがやってくる5月に発表されたのもタイミングを計ってのことだったのでしょう。

ところでホトトギスはウグイスの巣に托卵して、後はお任せで南の国に帰ってしまうわけですが、夏の到来を告げるホトトギス（時鳥）が、春の到来を告げるウグイス（春告鳥）に托卵するところが何ともおかしい、奇妙なご縁ですね。「告げるトリ同士の関係」だけに、だれかにこの関係を「告げ口」したくなります。

トリが出てくる歌謡曲でわたしが最も印象深いのは昭和歌謡の「夕焼けとんび」です。矢野亮作詞、吉田矢健治作曲で1958年（昭和33年）に発表されました。歌手はわたしが好きだった三橋美智也（注16）。小学校の同じクラスにやはり三橋美智也ファンの友人がいたので、この「夕焼けとんび」などの曲を小学生ながら競って歌っていました。

「夕焼けとんび」の歌詞はどこかユーモラスで、リズムもいいので、わたしはあまり歌詞の意味を理解しないでただ調子よく歌っていました。

1番の歌詞はこうでしたね。

「夕焼け空がマッカッカ　とんびがくるりと輪を描いた　ホーイのホイ
そこから東京が見えるかい　見えたらここまで降りて来な　火傷をせぬうち　早く来ヨ　ホーイホイ」

「夕焼け空がマッカッカ」とか「とんびがくるりと輪を描いた」とか「ホーイのホイ」とか、何か子どものわたしでもひかれる独特の調子のよい表現です。しかも流行歌なので、歌えばちょっと背伸びして大人の世界に足を踏み入れたような、ませた気分にもなれます。

トンビは子どものころにすでに見ていたと思います。住んでいた練馬にもいたような気がしますし、遠足などで海の近くに行った時に、まさに歌詞にあるように港の空をくるりと輪をかいて舞っている姿を見た記憶があります。

あのトンビがくるりと輪をかいているように見えるのは、上昇気流をつかまえて羽ばたかずに舞う省エネ飛行なのですね。

小学生のころは歌詞の意味も解らずに調子よく口ずさんでいた「夕焼けとんび」でしたが、社会人になってから改めてカラオケで歌うようになってから、歌われた時代背景、社会事情などを理解できるようになり、より一層、印象深い歌謡曲になりました。

曲ができた昭和33年（1958年）ころは、戦後の神武景気もあって、たくさんの若者が仕事を求めて農村から都会へと出て行った時期でした。長くなるので詳しい説明は省きますが、この曲が、田舎に「俺ら（弟）」を残して東京に行ってしまった「兄ちゃ」へのせつない思いを歌った歌だったと知ったのは、はずかしながら大人になってからでした。2番、3番の歌詞を追っていくとそれがよく解ります。

遅まきながら歌詞の意味を理解した時には「夕焼けとんび」はすっかり昭和歌謡のナツメロになっていました。

トリが出てくる唱歌や歌謡曲はほかにもたくさんあります。それこそ「トリしばり」で歌合戦をやるのも一興かもしれません。数曲を歌える人は結構いるはずです。

小松左京が書いた「鳥と人」にも「鳥の歌づくし」で場が盛り上がった話が載っています。

「花鳥」を愛でることは絵画でも発揮されました。四季折々の花や鳥が絵に描かれました。室町から江戸にかけて活躍した狩野派は数々の「四季花鳥図屏風（しきかちょうずびょうぶ）」を描きました。江戸中期の絵師・伊藤若冲（いとうじゃくちゅう）は「鳥獣花木図屏風（ちょうじゅうかぼくずびょうぶ）」を描きました。屏風の左隻（させき）にはオシドリやキジ、ライチョウ、アカショウビン、アオゲラ、タンチョウヅル、ヒヨドリ、ウズラなど40種を超える多数の鳥が見られます。

トリへのあこがれは鉄道の列車名にトリの名が多く採用されていることからもうかがえます。新幹線を見ても、「はやぶさ（東北・北海道）」、「つばさ（山形）」、「はくたか（北陸）」、「とき（上越）」、「つばめ（九州）」、「かもめ（西九州）」があります。

寝台特急では、「ゆうづる」「はくつる」「はやぶさ」が浮かびます。昼間に運行される特急では、「おおとり」「白鳥」「スーパー白鳥」「はつかり」「やまばと」「ひばり」「しらさぎ」「こうのとり」「サンダーバード」などが思い浮かびます。

列車名にトリの名前が付けられているのは、やはり運行される地域で親しまれている親和性やスピード感、優雅さなどが評価されてのことだと推察されます。「トリが飛ぶように走る列車」から速さ、美しさ、さらには力強さを感じる方もいるかもしれません。

「トリあえず（はじめに）」でもふれましたが、鉄道に関しては「撮り鉄」や「乗り鉄」など、自称、他称のマニアとも言うべき熱のあるファンも多いので、各列車の歴史や名前の由来などの詳細についての説明はその方々にお譲（ゆず）りしておきます。

トリの基本情報説明

④ トリのサイズ

空を飛べるトリでサイズが最大級の一種がアンデスコンドルです。翼を広げると約3メートルで、体重は約15キロあります。大きいためか飛ぶのが苦手で、山岳地帯などの上昇気流をとらえて高く舞い上がり、よく見える目で死んだ動物等のエサを探します。

アンデスコンドルに引けを取らない大きな飛ぶトリがアフリカノガンです。オスは全長120～150センチ、体重は15キロを超える個体もいます。アフリカのサバンナに生息しています。アメリカ北西部からカナダ西部に生息するナキハクチョウやユーラシア大陸からアフリカ大陸北部にいるニシハイイロペリカンも飛ぶトリの中では大きなサイズです。

飛べないトリで現在、最も大きいのはダチョウです。オスは首を伸ばした時の頭頂（とうちょう）までの高さが210～280センチ、体重は100～150キロ。メスはオスより一回り小さいサイズです。野生のダチョウはアフリカのサバンナや砂漠で生息しています。古代エジプト時代から人によって飼育されてきました。今日では日本各地の動物園等で飼育されているので、世界一の大きいトリを実際に自分の目で確認できます。

インドネシアやオーストラリア北東部に生息するヒクイドリも背の高いトリです。「背が高い（タカイ）のに（ヒクイドリ）とはこれいかに」という感じですが・・・。

オーストラリア大陸全域で見られるエミューも高さが190センチに達する大きな飛ばないトリです。

絶滅したトリの中にはダチョウよりも大きな飛べないトリがいました。第7章の「トリがあぶない！」でご紹介していますが、ニュージーランドに生息していたジャイアントモアです。オスよりメスの方が大きく、頭頂までの高さは最大級のメスで約3.6メートルあったそうです。

ジャイアントモアよりさらに大きな飛べないトリだったのが、アフリカのマダガスカル島にかつて生息していたエピオルニスです。高さはジャイアントモアとそれほど変わりませんが、体重は400〜500キロ。タマゴ（化石）の大きさはダチョウのタマゴの約2倍、33センチもありました。17世紀ころまでに絶滅しました。

一方、サイズが最も小さなトリは何でしょうか。

これはキューバに生息するマメハチドリです。全長は4〜6センチと小さく、体重は1.5〜2グラムと超軽量です。主にキューバの沿岸部の森林地帯にいます。ホバリング（停空飛翔）が得意で1秒間に50〜80回も翼を羽ばたくことができ、花のミツを求めて飛び回ります。

このほかオーストラリアに生息するコバシムシクイやホウセキドリ、ユーラシア大陸に生息するキクイタダキなどもサイズの小さな野鳥です。

第5章

トリと人 II
―トリの恩恵

この章も第4章に続いて、「トリと人」との関係について見ていきます。「トリへのあこがれ」が相変わらず、さまざまな分野でさまざまな形になって現れるわけですが、話が長く多岐にわたるので章を分けてご紹介することにしました。それだけ「トリと人との関係」が切っても切れない、浅からぬ関係であることの証左と言えます。タイトルも少し変えて「トリと人Ⅱ ― トリの恩恵」としました。

特にこの章のはじめでは、あこがれているトリをスポーツに取り（トリ）こんで恩恵を受けている例についてご紹介します。トリをシンボル化して、マスコットキャラクターなどに使い、イメージづくりで恩恵を受けているケースです。

トリに縁あるサッカー界

それが最も目立つのがサッカー界です。

そもそも日本サッカー協会のシンボルマークがヤタガラス（八咫烏）なのはよく知られていま

す。ヤタガラスが同協会のシンボルとして選ばれたのは、日本に初めてサッカー（フットボール）を紹介したある人物と関係があります。

その人物とは中村覚之助。今から約１２０年前の１９０２年。東京高等師範学校（現在の筑波大学の前身）４年生の時にわが国初のフットボール部を創部、日本初のサッカーの試合開催にも関わりました。この人が和歌山県の熊野三山の熊野那智大社に近い那智勝浦町の出身だったのです。同協会のシンボルマークの図案の発案者の一人が、中村覚之助の師範学校の後輩であった内野台嶺でした。内野が中村覚之助の偉業を後世に伝えるためにヤタガラスを採用したのではないかと言われています。

熊野は日本古来より蹴鞠が熱心に行われていた地でもあります。

「なぜヤタガラスが熊野三山で神のお使いになったのか」については、第６章「トリと神仏」で改めてご紹介します。


こうした経緯があるからでもないのでしょうが、Ｊリーグにはマスコットにトリをモチーフとして採用しているチームが数多くあります。

その集まりがその名もズバリ「鳥の会」。Ｊリーグ60チーム（１～３部　２０２３年シーズン現在）のうち、何と三分の一の20チームが参加しています。

これほどトリを採用しているチームが多いのは、それぞれが地元、地域と密着した親しまれた存在であるからにほかなりません。トリの多くが社会性を持ち仲間を大切にすることが、チームプレーを重視するサッカーにふさわしいからとも言えます。さらに勝利をもたらす勇猛さや強さ、俊敏性、スピード感などが評価されているケースもあるでしょう。愛くるしくかわいらしいところが支持されているマスコットも数多くいます。

「鳥の会」の各チームのマスコットを簡単に見てみましょう。

まず会長はギラヴァンツ北九州のギラン。モチーフは小倉南区の曽根干潟に飛来するズグロカモメです。

Ｖ・ファーレン長崎のヴィヴィくんは、県鳥のオシドリと県獣の九州シカがモチーフになっています。松本山雅ＦＣのマスコットは長野の県鳥のライチョウをモチーフにしたガンズくん。横浜Ｆ・マリノスのマリノスケ・マリノス君は港町・横浜らしくモチーフはカモメ。

北海道コンサドーレ札幌のドーレくんは北海道に生息するシマフクロウ、ベガルタ仙台のベガッ太はギリシア神話で勝利をもたらすとされたワシ、ジュビロ磐田のジュビロくんは静岡県の県鳥であるサンコウチョウがモチーフです。

サガン鳥栖のウィントスは佐賀・筑後地方に生息するカチガラスがモチーフ。東京ヴェルディのリヴェルンは始祖鳥。コンドルがモチーフのヴェルディくんは勇退して名誉マスコットに。

アルビレックス新潟のアルビくんはハクチョウ、ツエーゲン金沢のゲンゾーは石川県の県鳥であるイヌワシ、ＦＣ町田ゼルビアのゼルビーは町田市のトリのカワセミをモチーフとしています。

京都サンガＦ.Ｃ.のパーサくんは鳳凰と不死鳥がモチーフ。元チーム名の「パープルサンガ」の頭文字をいかしてパーサくんと命名。

ファジアーノ岡山のファジ丸は岡山の県鳥キジ、いわてグルージャ盛岡のキヅールはユニークな折り鶴、ＳＣ相模原のガミティはダチョウ、藤枝ＭＹＦＣの蹴(け)っとばし小僧(こぞう)はフェニックスがモチーフです。

カターレ富山のライカくんは県鳥のライチョウと県獣のカモシカが融合(ゆうごう)。ガイナーレ鳥取のガイナマンは日本書紀に出てくる鳥取に由来する「白い鳥」がモチーフ。福島ユナイテッドＦＣの福嶋火之助は不死鳥。

このように各チームとも地元にゆかりのあるトリがマスコットのモチーフになっています。


この中でわたしが特に注目したのはジュビロ磐田のジュビロくん。サンコウチョウ＝三光鳥がモチーフですが、このトリのさえずりの声をエンブレムに採用しているのです。残念ながらわたしは三光鳥のさえずりの声をナマで聴いたことがないのですが、ネットの動画で確認してみました。するとそのさえずりの声は「ツキヒーホシ（月日星）、ホイホイホイ」と鳴いているように聞こえます。この「月日星」をエンブレムのデザインに取り入れているところが、何ともおしゃれで格好いいですね。

日本以外でもトリをチームのユニフォームなどにデザインしている国があります。フランスのサッカー代表チームのユニフォームには「ル・コック＝雄鶏(おんどり)」がデザインされています。ラグビーやアイスホッケーのチームのユニフォームにも使われています。大統領の住まいであるエリゼ宮やヴェルサイユ宮殿、ルーヴル美術館にもモチーフ等が見られるなど、フランスの国を代表する象徴的存在のひとつになっています。

どうして「ル・コック＝雄鶏」がフランスの象徴なのか。

フランス人の祖先はフランス語ではゴロワ（gaulois）と言います。日本語では「ガリア」ですね。学校の世界史の授業で、古代ローマの政治家、武将のカエサルの「ガリア戦記」について学びましたが、その「ガリア」ですね。ガリア人は勇猛果敢で一致団結して戦い、カエサルを一時期、窮地に追いこんだと習いました。

フランス語の元となっているラテン語では「Gallus」は、「ゴロワ」と「雄鶏」の両方の意味があります。そのことから中世・ルネサンス期以降、特に第一次大戦以降に、紆余曲折はありましたが、「ゴロワの雄鶏」が象徴として浸透、定着していきました。

雄鶏が、農耕民族が起源とされるフランス人にとって身近で親しい存在であったこと、勇猛果敢、大胆であること、誇り高く意志が強い気質であることなども受け容れられた要因のようです。

ガリア戦記に記されたような紀元前の古代ローマ時代から、ガリアの民の勇猛果敢さは今日まで受けつがれ、スポーツの世界でも「ル・コック＝雄鶏」に象徴される闘志あふれる戦いをくり広げるわけですね。フランスはサッカーにおいてもワールドカップで優勝するなど、強豪国の一国です。

２０１９年4月にノートルダム大聖堂が不幸にも大火災に見舞われ消失したことはまだ記憶に

新しいところですが、後日、焼け落ちた尖塔に飾られていた雄鶏の像が奇跡的に発見されました。フランス国民がこの朗報を大いに喜んだという報道がありました。それほどフランス人にとっては、雄鶏は親しく大切な存在なのです。

プロ野球でトリの名前をチーム名として採用しているところもあります。

MLB（メジャーリーグベースボール）ではボルチモア・オリオールズ、セントルイス・カージナルス、トロント・ブルージェイズがそうです。オリオールはボルチモアムクドリモドキ、カージナルはジョウジョウカンコウチョウ、ブルージェイはアオカケスです。

日本のプロ野球（NPB）ではヤクルト・スワローズ、福岡ソフトバンク・ホークス、楽天ゴールデンイーグルスがそうです。スワローはツバメ、ホークはタカ、ゴールデンイーグルはイヌワシですね。

野球のチーム名にトリが採用されている理由としては、やはりサッカーと同じように地元、地域に近い存在で親しまれていることや、強さや俊敏性などが評価されているものと思われます。

トリにあやかる相撲トリ

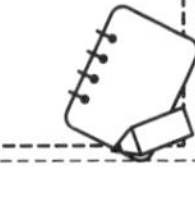

わたしの好きな大相撲でもトリに関係がある「醜名」（四股名＝しこな）を付けた力士がいます。「醜名」とは力士の名前ですが、「醜」は「みにくい」という意味ではなく、「逞しい」ということです。

まずしこ名に「翔」の字が付いた力士が多く、目立ちます。「翔」はトリが空高く羽を広げてのびやかに飛ぶ様を表しています。「飛びめぐる」「かける」という意味もあります。それにあやかって角界を、スピード感を持ってかけあがっていくような、順調な出世への願いがこめられています。

「翼」をしこ名に付けるのも、やはりトリのように羽ばたき飛翔する様を期待してのことでしょう。

このほかに目に付く字では「鵬」や「鳳」があります。これは中国に伝わる想像上の大トリで、翼の長さが３０００里あると言われます。ひとたび飛翔すれば９万里を飛ぶそうですからすごいスケールです。こちらも「翔」と同じように、この世界での飛躍、出世への願い、想いがこめられていることがうかがえます。

このほかにトリに関係するしこ名の字としては「鷲」や「鷹」もあります。ともに獲物をねらう猛禽類の「強さ」の象徴です。勝負事の世界で求められる「勇猛さ」への想い、願いを感じます。

「鶴」や「鳰（にお）」、「燕（えん）」の字が入ったしこ名もあります。

「鶴」は「鶴は千年、亀は万年」と言われるほどで、古来より「長寿の象徴」となっています。長生きで縁起がいいうえに、優雅さもあります。「美しく、丈夫で、長持ち」なのも、望まれる資質のうちかもしれません。

「鳰」は「水に入る鳥」を意味しています。カイツブリのことです。「鳰の湖」はカイツブリもいる琵琶湖（びわこ）の異称です。出身地が近いことから付いたしこ名だと推測できます。

「燕」の付く力士にはスピード感あふれる、速攻相撲を期待してしまいます。

トリの命をいただく

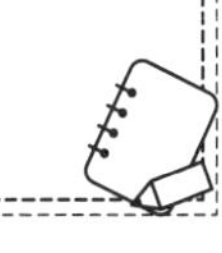

「トリと人」の関係についていろいろと見てきましたが、ここで人がトリから受けている恩恵について改めて確認しておきましょう。

何と言ってもわれわれ人間（人類）は長い間、トリの命をいただいて自らの命をつないできたことを忘れてはなりません。

昔から世界中でトリの肉やタマゴが食されてきました。今日の養鶏のようにトリが食用や採卵を目的として飼育される以前は、人は身近なトリ（野禽）やタマゴをとって食べていました。こうした野生動物の肉はいわゆるジビエ（狩猟鳥獣食）と言いますね。

ジビエ肉となった主な野禽としてはマガモなどのカモ類、ヤマウズラ、キジ、ライチョウ、ウズラ、ヤマシギ、ハト類、ノガンなどです。

ヤマシギ（ベカス）は日本ではあまりなじみのないトリですが、フランスなどでは今日でも高級ジビエ肉として人気があります。

人気がある野禽は乱獲による個体数の減少が心配されるため猟期を限ります。中には狩猟を禁止している地域もあります。

野禽の狩猟は絶えずその種の絶滅を招きかねない危険ととなり合わせなので、人としての配慮、一定のルールが必要です。これまでにも人の配慮のない乱獲によって多種類のトリが絶滅に追いこまれました。これに関しては第7章「トリがあぶない！」で改めて取り上げます。

こうした反省もふまえ、かつ安定的に「トリ肉」を食していくために、人は「トリの家禽化」を試みました。その家禽化の最たるものがニワトリです。

日本にニワトリが入ってきたのは紀元前300年の弥生時代のころと言われています。奈良県の環濠集落跡の「唐古・鍵遺跡」からは弥生時代のニワトリの骨が出土しています。

ニワトリは南アジアの赤色野鶏を祖先とする種が朝鮮半島経由でもたらされました。ちなみに野鶏の種類にはこの赤色野鶏のほかにセイロン野鶏、灰色野鶏、緑襟野鶏がいます。現在のニワトリの祖先の赤色野鶏は、今から約4千年もの昔に家禽化されたと言われていますから驚きます。日本神話ではアマテラスオオミカミ（天照大神）が天岩戸に隠れられた時に、常世の長鳴鶏（ニワトリ）が鳴いて、天岩戸から導き出したという話があるので、ニワトリは神使の存在、聖なるトリとなっています。神社にある鳥居はこの長鳴鶏が止まっていた止まり木に由来するとも言われます。

こうした背景があるため、わが国ではニワトリは昔から公には食肉の対象とはなりませんでした。古墳時代には「鶏形埴輪」が祭祀や葬礼などに用いられていたようで、ニワトリは神に近い神聖な存在でした。

この辺りの話は第6章「トリと神仏」のところで改めてふれます。

今日のような大規模な養鶏の仕組みができて、大衆が日常的にニワトリの肉やタマゴを食べるようになったのは第二次世界大戦後のことです。

アメリカで産卵鶏と食肉鶏（ブロイラー）とを分離して、大規模に養鶏を行う仕組みができあがりました。日本にもこれがもたらされ、今日のような養鶏業に発展しました。

ニワトリの飼養羽数は今日では世界で約230億羽になるそうです。

日本では約3億羽（2021年畜産統計）が飼養されています。このうち半数の約1億4000万羽が採卵用のメスの成鶏で、やはり半数の約1億4000万羽が食肉用（ブロイラー）です。


この飼養羽数の多さを改めて実感させられるのは、冬場に高病原性鳥インフルエンザが発症して殺処分の対象となるニワトリの数がニュースで報道される時です。日本では2022年秋〜2023年春のシーズンは特に高病原性鳥インフルエンザの発生がこれまで以上に多く、2023年6月の今シーズン終了時点で約1771万羽のニワトリが殺処分対象となりました。

これはこれまでにない記録的な数です。殺処分対象のニワトリの多くが採卵鶏であったため、特にタマゴの生産、流通、価格に大きな影響を及ぼしました。こうなると改めてふだん当たり前にもたらされているニワトリのタマゴや肉のありがたみに想いをいたすことになります。

日本人は特にタマゴの消費量が世界でもトップクラスです。国民一人当たり1年に330個超（2021年は337個）のタマゴを消費しています。タマゴかけご飯が好きな人は高病原性鳥インフルエンザの多発は気になるところだったでしょう。

ニワトリを中心に鳥と人との関係を書いた小松左京の「鳥と人」は多方面のニワトリ事情がよく解る本としておすすめです。同著は「日本沈没」などのフィクションが多い小松左京にしては、珍しくノンフィクション仕立てになっています。

ニワトリ以外で人がタマゴや肉を食べる目的で家禽化したトリとしてはガチョウ、アヒル、シチメンチョウ、バリケン、ホロホロチョウなどがいます。

バリケンは日本ではあまりなじみがないトリですが、カモの一種です。ペルーやパラグアイ、ブラジルなどに生息するノバリケンを家禽化したトリです。

ホロホロチョウは以前に東京・銀座に料理店があって、わたしもその肉を食べたことがありました。あっさりとした上品な味だったような気がします。

このように人はタマゴや肉の恩恵をニワトリなどから長年にわたって受けていますが、そのほかでも多岐にわたってトリを利用させてもらっています。

羽毛で暖を生もう

トリの羽毛を使って暖をとる、防寒のために羽毛を利用したのもそのひとつです。言わば「羽毛で暖を生もう」とした取り組みです。

ノルウェーやアイスランドなどの北欧では、9世紀ころには水鳥の羽毛（綿羽）を使った保温性の高い羽毛布団が普及していたと言います。水鳥の種類は当初は野生のケワタガモでした。人々はケワタガモの巣づくりに使われた羽毛を定期的に採取して、保温性の高い布団の材料にしました。人々は良質の羽毛という貴重な宝物を提供してくれるケワタガモを手厚く保護し、継続的に羽毛布団の材料を手に入れることができました。この手法ですとトリを殺めることもないため、トリと人がうまく共存できます。自然の恵みをたくみに取り入れた、人の知恵が活きた共生の好例と言えるのではないでしょうか。

羽毛布団の需要が拡大してからは、野生のケワタガモから羽毛を採取するだけではまかないきれなくなり、飼育するガチョウの羽毛を羽毛布団の材料として使うようになりました。

羽毛を入れた保温性の高いダウンジャケットが普及したのは比較的最近で、1930年代になってからだそうです。

トリの羽根も古くから使われていました。弓矢の矢にワシやタカ、キジなどのトリの羽根を付けて、飛ばす方向性を安定させる矢羽根は、日本や西欧でも古くから使われていました。

矢に羽根を付けると飛ぶ方向が安定することは「風見安定」という言葉

で説明されます。

航空機などの飛翔体で空力を受ける中心（力点）が重心より後方にあることで、機体の姿勢が進む方向にスムーズに移動できることを言います。矢羽根の方向性の安定、直進性の原理もこれです。

「風見安定」のことを英語では「weather-cock stability」と言います。「weather-cock」は「風の方向性を見る」＝「風見鶏」のことです。「cock＝鶏（ニワトリ）」が登場するところが何とも興味深いですね。


バドミントンのシャトルコックには当初、ニワトリの羽根が使われていました。そう言えばわたしも子どものころにそれを見た記憶があります。シャトルコックの「コック」が「オンドリ＝雄鶏」のことだと知ったのは大人になってからでしたが……。日本の羽根突きの羽根も主にニワトリの羽根を利用していました。共同募金などの時に見かける赤い羽根や緑の羽根もニワトリの羽根ですね。

羽根は筆記用具としても利用されました。「羽根ペン」ですね。飼育されていたガチョウやアヒル、ハクチョウ、カラスなどの羽根をつけペンとして使いました。シチメンチョウの羽根を使うこともあったそうです。ガチョウの羽根が使われることが多かったことからか、羽根ペンは別名「鵞ペン」とも言います。カラスの羽根は細い字を書くことができたので製図用に使われたようです。

英語の「pen」は、ラテン語の羽毛を意味する「penna＝ペンナ」からきています。羽根ペンにトリの羽根を使っていた歴史が伝わってきます。イタリア語の「penna」は「羽根」と「ペン」の両方の意味があります。

羽根ペンはつけペンとして使っている間に先端が傷んできます。先を削って整えますが、その時に使うのが「ペンナイフ」です。

美しいトリの羽毛が帽子(ぼうし)などの飾り、ファッションとして使われることもありました。トリの羽根のトリコ（虜）になった方もいたことでしょう。中には「ハネムーン」に羽根付きの帽子をかぶって飛んで行った方もいたかもしれません。幸せいっぱいでハネ（羽）が生えて飛んで行く気分だったでしょうが、こちらは「honeymoon」（蜜月）ですので「ハネ（羽）」とは関係ありません。

魚群探知機としてトリを使う

人は昔からトリを使って魚や鳥獣などの獲物をとる漁や狩猟を行ってきました。鵜飼や鷹狩についてはすでにご紹介しましたが、アビというトリを利用した「アビ漁」という漁法をご存知でしょうか。

アビはカイツブリを大きめにしたような渡り鳥です。アビ属にはアビ、シロエリオオハム、オオハム、ハシグロアビ、ハシジロアビの5種がいます。アビは広島県の県鳥にも指定されています。冬場の2月ころに北極やアジア大陸北方辺りから南下して瀬戸内海の呉市(くれし)豊島近辺にやってきます。

アビの好物はイカナゴです。イカナゴはアビに追われると海底近くにもぐりますが、それを今度はタイやスズキなどの大型魚が追い回して水面近くに出てきます。このタイやスズキを漁師が待ち構えていて一本釣りで釣り上げる漁法です。「いかり漁」とも言われます。江戸時代の元禄(げんろく)年間ころから行われてきましたが、現在ではアビの渡来数も少なくなり、1986年(昭和61年)を最後にアビ漁は行われなくなったようです。

アビ漁が行われていた海域は「アビ渡来群遊海面」として、1931年(昭和6年)に国の天然記念物に指定されました。それほど盛んに漁が行われ、アビの飛来数も多かったわけですね。

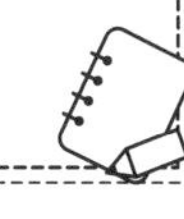

京都府の鳥は「オオミズナギドリ」ですが、こちらも漁師の漁に一役買ってきました。オオミズナギドリは冬場、舞鶴市の冠島周辺に飛来しますが、イワシやアジなどの小魚（ベイトフィッシュ）をエサとしてねらいます。その小魚をサバやブリ、サワラなどの大型の魚がねらいます。オオミズナギドリが群れる海面下には、漁師がねらうサバやブリ、サワラなどの大型魚がいるわけです。オオミズナギドリはそれを漁師に教えてくれる貴重な情報源なのです。別名「サバドリ」とも言われる所以です。

こうしたトリたちは「天然の魚群探知機」として、漁師や釣り人に重宝されています。カモメ類などの海鳥が群れでイワシやイカナゴなどのベイトフィッシュをねらっていれば「鳥山（とりやま）」になります。

鳥山が続き「取り止まない（トリヤマない）」なら釣果を上げるチャンスですが、鳥山が見つからない「鳥山無い（トリヤマない）」状況は漁にとっては思わしくありません。

ねらう魚種によって「探知機」となりうるトリも異なりますが、バス釣りのベテランはカワウやウミウ、カイツブリ、サギ類、ミサゴなどのトリたちを探知機として活用しているようです。

こうした漁の手助けではありませんが、東南アジアや中国の稲作地帯では、アヒルやアイガモを雑草駆除や防虫に利用しているケースもあります。日本でも一部地域で行われています。「アイガモ農法」と言われます。無農薬のお米とカモ肉が得られる、一挙両得の取り（トリ）分のある農法です。

海外ではガチョウが大きな鳴き声と警戒心を発揮して、番犬ならぬ「番ガチョウ」として活躍している例もあります。

ローマ帝国などでは、有効な通信手段として伝書バトを活用していました。伝書バトはカワラバトを改良したようです。

奮闘（フントウ）してフンがお宝に

トリの排泄物、フンが利用される例もあります。南太平洋の小さな島国であるナウル共和国にはぼう大なリン鉱石の資源があります。これは何十万年という長い年月の間に堆積した海鳥のフンが基になっています。このフンにサンゴ礁の炭酸カルシウムが反応してできたものです。リン酸肥料として採掘され、国にも大きな富をもたらしています。海鳥にとっては自然現象なのでしょうが、人にとっては海鳥が「フントウ（奮闘）」して国に貢献してくれている感じですね。フンが益をもたらしてくれるので、フン害で憤慨（フンガイ）することはありません。

鶏フンは牛フンや豚プンなどに比べて、窒素やリン酸、カリウムをバランスよく含有し即効性もあるため、化学肥料並みの効果が期待できるとされています。一般に植物にとって、窒素は葉を生長させ、リン酸は開花、結実に欠かせず、カリウムは作物を丈夫にする作用があるので、それらをバランスよく含有している鶏フンは使い勝手がよく、基肥としても追肥としても使えるわけです。ただし即効性がある分、土に吸収されやすく、効果の持続性は限られるようです。

日本ではトリのフンの利用に関しては「ウグイスのフン」があげられます。平安時代に朝鮮半島から伝わったようです。主に小じわとりや美白などの美顔効果をねらっています。飼育用のウグイスに植物のタネをエサとして与えフンを回収します。天日干しなどで殺菌して粉状に仕上げます。

ウグイスのフンには高濃度の尿素、遊色効果があるグアニン、タンパク質を分解して柔らかくする酵素のプロテアーゼが含まれています。それによって肌のすべすべ感が得られ、美白やシミ消し効果もあると言います。

近年は飼育用のウグイスが少ないため、ソウシチョウ(注17)で代替しているようです。日本のウグイスのフンは欧米でも「ゲイシャ・フェイシャル」(芸者の美顔)として一部マニアに珍重されているようです。

ウグイスのフンは着物の染みぬきなどにも使われてきました。

トリのタマゴにはいろいろな用途があります。アフリカでは昔からダチョウのタマゴの殻（卵殻）をアクセサリーとして加工してきました。ダチョウのタマゴはニワトリのそれと比べても大きいので、インフルエンザ用のワクチンなどの培養（ばいよう）に使えれば、大容量の製造を期待できます。医療（いりょう）分野での貢献（こうけん）が注目されています。

トリの癒（いや）しは「トリビアン」

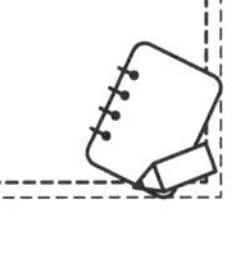

トリの美しいさえずりが人々を魅力し、西洋では音楽にもこれを取り入れてきたことはすでにご紹介しました。

日本でも「メジロの鳴き合わせ会」や「鶉合わせ」など、ある種のトリのさえずりを競わせて人々が楽しむ例、文化があったことについてもふれました。

トリがもたらしてくれた恩恵にはさまざまなものがありますが、やはり中でも特筆すべきはこうしたさえずりの美しさや見た目のかわいさによって人々の心が癒されてきたことでしょう。

この鳥類を愛でる行為、文化はいにしえの時代から世界各地にありました。

古代ローマ人はトリを愛玩（あいがん）・鑑賞用に飼っていました。見た目が美しいインドクジャクを放し飼いにし、人の言葉をしゃべるヨウムやホンセイインコをペットとして飼っていたようです。

こうした人の言葉をしゃべるトリを飼う行為、文化はその後のヨーロッパでも受けつがれ、ヨウム以外にもホシムクドリやキュウカンチョウなども飼育されました。見た目のかわいさもありますが、教えこめば自分たちと同じように言葉をしゃべるトリは、人々にとっては他の動物にはない身近な、家族のような存在だったのでしょう。

鳴き声が美しいカナリアなども次々と品種改良され、より人々が満足するメロディーを奏でる好みのタイプに仕上げられていきました。

やがて日本にもこうした品種改良されたカナリアが輸入され、人々はそれまで美しい姿を見たり、きれいな鳴き声を聴いたりしたことがなかった愛くるしいトリたちとも交流できるようになりました。

15世紀から17世紀にかけて、ポルトガルやスペイン、オランダ、イギリス、フランスなどのヨーロッパ諸国は、インド航路の開拓や新大陸への到達などに挑み、実現しました。これを大航海時代(注18)と言いますが、これによってそれまでにない世界の一体化がもたらされました。世界各地の珍しいトリもヨーロッパに運ばれてきました。これまでに聴いたことがない美しい鳴き声や、見たことがないめずらしい容姿のトリは珍重され、人々の関心を集めました。

今日ではスマホを見れば世界中のトリの姿を見たり、声を聴いたりできますが、昔は実際に現地に行くか、現地から持って帰るかしかなかったわけです。

世界中で手に入れた珍しいトリを人々に見せる動物園的な施設も大航海時代以降、フランスなど各地にできました。

日本でも江戸時代に「花鳥茶屋」や「孔雀茶屋」ができて人気を呼んだようです。


ただ、人にとってはめずしいトリを居ながらにして見られるのはうれしいことでしたが、つかまえられて異国の地に連れていかれたトリたちにとっては迷惑な話だったでしょう。これによって生息数を減らしたトリもいました。人の大航海時代は、トリにとっては「大後悔時代」だったかもしれません。


トリにとっては迷惑な話だったでしょうが、こうしてトリを愛で、癒される行為、文化は時代、国を超えて人々に浸透していきました。

そして今日でもトリからの癒しを受けて豊かな生活を送っている「トリ愛好家」の人々が世界中にいるのです。

まさにそうした人々にとってトリは「トリビアン」、いや「トレビアン」なすばらしい存在なのです。

トリの基本情報説明

⑤ トリの移動 ― 速さと距離

最も速く空を飛べるトリは何でしょう。

それはハヤブサともグンカンドリともハリオアマツバメとも言われています。三種とも飛んでいる体勢や場面によって出るスピードは異なります。「三種三様」ですね。

ハヤブサの水平飛行時は時速110～130キロですが、獲物を地表近くでとらえる急降下時には時速350キロを超えると言われています。390キロ出たという話もあります。ギネスブックにも時速300キロの記録が登録されているほどです。

一方、グンカンドリの水平飛行時の速度は時速150キロが出ていると言います。空の高いところの気流に乗りスピードを出します。急降下時には400キロ出るという説もあります。

この両種に引けを取らないぐらいのスピードを出せるのがハリオアマツバメです。水平飛行時の170キロという速度はギネス記録の特筆ものです。

このほかオオハヤブサやクマタカ、イヌワシ、ハゲワシなどの猛禽類が速さの上位にきます。

ハト（時速70キロ）、ツバメ（同50キロ）、スズメ（同45キロ）なども意外と速く、時速40キロの車の制限速度を超えて飛べるトリもたくさんいます。

ちなみに遅(おそ)く飛べるナンバーワン候補はアメリカヤマシギで、失速すると時速8キロで飛べるそうです。

飛べないトリのスピード王はダチョウです。バネのような脚力で時速70キロを出します。時速50～60キロで長時間、ダーッと走り続けられるのもすごいところです。まさに「ダー超」ですね。

アメリカ南西部からメキシコ西部にかけて生息するオオミチバシリも、その名にある通り走るのが得意です。時速40キロを出します。「ロードランナー」の別名があるのもうなずけます。カッコウ目カッコウ科のトリですが、「カッコイイ」異名ですね。ちなみにカッコウ目でも「托卵（たくらん）」はしません。走る=ランのみです。

飛ぶ距離がすごいのは渡り鳥です。北海道のオオジシギはオーストラリアまでの7800キロを時速50キロ、6日間で飛びます。

オオソリハシシギはアラスカの繁殖地からニュージーランドの越冬地までの1万2000キロをノンストップで、11日間で飛びました。

カッコウもアフリカ南部のザンビアからモンゴルの繁殖地までの1万2000キロを、平均時速60キロで渡った記録があります。

キョクアジサシはその名にあるようにグリーンランドから南極のウェッデル海までを巡ります。その距離は9万キロと驚異的です。

飛べないトリもがんばっています。アデリーペンギンは繁殖コロニーから越冬地まで、太陽を追いかけるように平均1万3000キロを歩いて移動します。

第6章

トリと神仏

ギリシア・ローマ神話とトリ

北欧神話とトリ

エジプト神話とトリ

インド神話とトリ

中国神話とトリ

日本神話とトリ

仏教の中のトリ

[コラム トリせつ] ⑥トリの寿命（じゅみょう）

光り輝く太陽、そして幻想的な月や星などを目にした時に、人（人類）は想像力を働かせ、天空は神のまします神秘的な領域になったのではないでしょうか。

その天空を自由に飛翔するトリは、人々にとっては限りなく神に近い聖なる存在、神のお使いとして映ったに違いありません。

古来より洋の東西を問わず、トリは神のお使い（神使＝神の使わしめ）、聖鳥として崇められてきました。世界各地で語りつがれてきた「神話」を見ればそのことがよくわかります。

ギリシア・ローマ神話とトリ

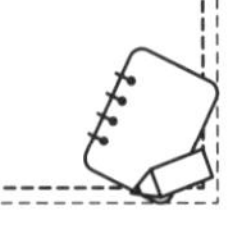

ギリシア神話やローマ神話には主神や女神の象徴などとして、さまざまなトリが登場します。オリュンポスの十二神と言われる神ではどうでしょうか。

まず主神（最高神）ゼウスを表す聖鳥はワシです。ローマ神話の主神ユピテルのシンボルも同じくワシになります。その勇猛さが最高神の象徴となりました。

知恵、戦いなどの女神アテナは、その象徴としてコキンメフクロウを従えていました。紀元前500年ごろのギリシア硬貨には、アテナとコキンメフクロウが表裏にデザインされています。

ローマ神話でアテナと同一視されている女神ミネルヴァもフクロウを従えています。

ローマ神話の、女性の結婚生活を守護する女神ユノ（ギリシア神話のヘラ）の聖鳥はクジャクです。愛と美の女神ウェヌス（同アフロディテ）の聖なるトリはハクチョウです。


このほかギリシア神話には何種類ものトリが出てきます。

光と神託の神・アポロンの乗り物を引くハクチョウたち、オルテュギアのウズラ岩、怒ったアポロンに羽を白から黒に変えられたカラス、ディオニュソスが三人の王女を変身させたコウモリ、フクロウ、ミミズクなどなど。

娘キオネを女神アルテミスに殺害されて、ショックのあまり断崖から身を投げて命を断ったダイダリオーンは、アポロンが哀れんでタカに姿を変えました。

ダイダリオーンの弟ケーユクスの妻アルキュオネーは、遭難した夫の死体を目の当たりにして、心神喪失してカワセミになりました。

ハルピュイアはギリシア神話に出てくる女面鳥身の伝説の生物です。「掠める女」を意味します。

セイレーンは、上半身は人間の女性、下半身はトリの生きもの。航海中の人を美しい歌声でまどわせ、遭難させて食べてしまうというこわい伝説があります。

ローマ神話のカラドリウスは、病を吸い取ってくれるという神の使いのトリです。


メソポタミア・シュメール神話では女神イシュタルの聖鳥はクジャクバトです。アンズー（ズー）は頭部がライオンの巨大なトリで、翼で颪や嵐を巻き起こします。

北欧神話とトリ

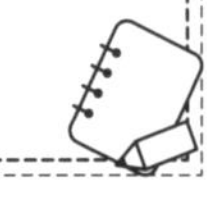

北欧神話でも多くのトリを確認できます。

宇宙樹ユグドラシルのてっぺんの枝には、目と目の間にタカがいるワシが止まっていて、飛び立とうと羽ばたくたびに風が吹き降ります。最終戦争ラグナロクでさけび声をあげながら死体を引き裂くフレスヴェルグというワシがいますが、それと同一視されています。

最高神オーディンの両肩には、世界中の情報を飛び集めて朝食時に報告する、カラスのフギンとムニンが止まっています。フギンは「思考」を、ムニンは「記憶」を意味しています。

オーディンの宮殿であるヴァルハラにはオンドリのグリンカムビ（金の鶏冠）がいて、英雄たちを目覚めさせるために時をつくります。

女性戦士のヴァルキューレはハクチョウの羽衣をまとって戦場に飛んでいきます。

エジプト神話とトリ

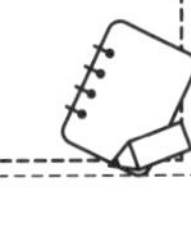

エジプト神話はトリ抜きでは語ることができません。エジプトでは昔からトリは聖なる生きものとされてきました。頭がトリで体は人間という神が数多く見られます。

天空の神ホルスは頭がハヤブサで体は人間の男性で表されます。天空と太陽を司り、エジプトの神の中では最も古く偉大（いだい）とされています。父オシリスの仇（かたき）である叔父（おじ）セトとの闘（たたか）いを、母であるイシスの助けを受けながら勝ちきり、全（上下）エジプトの王となりました。その後の歴代のファラオはホルスの子孫とされています。

天空を司る神であることから、エジプト航空の航空機の垂直尾翼と胴体前部には、航行の安全を願い、ホルスのロゴがデザインされています。

エジプト神話ではホルスのほかにもハヤブサを象徴とする神々がいます。

太陽の運行を担う太陽神ラーもハヤブサがシンボルで、やはり頭部がトリで体が人間として描かれています。太陽を運行する昼間には天空を飛ぶハヤブサに姿を変えます。エジプト全域で篤（あつ）い信仰を受け、絶大な影響力があったので、ファラオたちはそれにあやかろうと「ラーの息子」を名乗りました。

このほかにも戦いの神として崇拝（すうはい）されたモントゥ、死者の臓器を守る神のひとりであるホルスの息子のケベフセネエフ、一時期、唯一神とされた太陽神のアテンなどもハヤブサがシンボルです。

ハゲワシを神格化した女神もいます。上下エジプトの母とも言われるムト、ファラオの王冠を守るネクベトです。ハゲワシは知性の高い神聖動物と考えられていました。

宇宙の仕組みや秩序、文字などを創った知恵・学問などの神トトは、主にトリのトキの頭部を持った人間の男性として描かれています。エジプト全域で篤く信仰されていました。

謎が多い創造神で「隠れたるもの」を司るアメンは、主にガチョウが神聖動物となっています。「産まれること」に関係するタマゴからの発想のようです。さまざまな有力な神を取りこみ、最終的には太陽神ラーと習合してアメン＝ラーとなりました。

息子ホルスを手助けして王に導いた母イシスには、背中にトビの羽が生えています。

エジプト神話に登場するトリの中で最も聖なる存在とされているのはベンヌです。大きなアオサギがモチーフです。ベンヌの鳴き声によって世の時間がはじまったとされます。朝夕で生死をくり返すことなどから、不死鳥＝フェニックスのモデルとなりました。

インド神話とトリ

インド神話では聖なるトリが神々の乗りものとして登場します。

ヒンドゥー教の創造神であるブラフマーの乗りものはハクチョウです。ブラフマーは四面の顔を持つ青年や老人として絵画などに描かれています。日本では梵天（ぼんてん）として知られています。

ヒンドゥー教ではこのブラフマーがものを創造し、ヴィシュヌがこれを保持し、そしてシヴァが破壊（はかい）するという生滅の世界観がありますが、ブラフマーはこの世のすべてのものを創り出したとされています。美しい妃のサラスヴァティーさえも自身で創ってしまいました。従ってサラスヴァティーの聖なる乗りものも、ブラフマーと同様にハクチョウです。

インド神話ではクジャクも聖なるトリです。インドの国鳥はインドクジャクです。神の中でも人気の高い英雄クリシュナ、シヴァの息子のスカンダの乗りものがクジャクです。

美と富と幸運の女神であるラクシュミーの乗りものはフクロウです。

インド神話にはトリを神格化した神もいます。迦楼羅（かるら）はインド神話のガルダを前身とする神鳥で、仏教の守護神でもあります。インドネシア、タイの国章にもデザインされています。

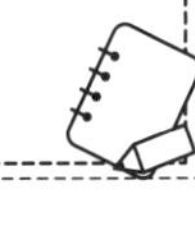

ガルーダ・インドネシア航空の航空機の機体にはガルダのロゴが描かれています。ヒンドゥー教のヴィシュヌ神を乗せて天空をかけ抜けたということから、運行の安全を願って採用されたものです。

このほか緊那羅（きんなら）、乾闥婆（けんだっぱ）などのトリにまつわる守護神もいますが、後ほど「仏教の中のトリ」の箇所で記述します。

中国神話とトリ

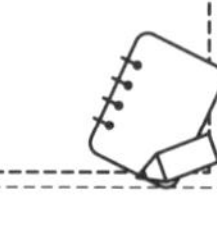

中国神話にもトリが出てきます。

中でも太陽とカラスにまつわる伝説に興味をひかれます。

その昔、中国には十の太陽があるとされていました。十の太陽は兄弟で一日一人が竜の車に乗って天空をかけ抜けると考えられていました。この十の太陽の名前は、みなさんご存知のあの十干（甲・乙・丙・丁・戊・己・庚・辛・壬・癸）ですね。

ある時、毎日のくり返しに飽きた十の太陽の兄弟たちは決まりを破って一人ずつではなく、一度にそろって天をかけ抜けたそうです。

これによって地上は太陽の強烈な熱に焼かれてしまいました。地上を治めていた帝堯は困ってしまい、弓の名手の羿に依頼して、九の太陽を射落としてもらいました。これによって太陽はひとつとなり、地上に再び平和な日々が戻ったというお話です。

中国では太陽の核には金や赤のカラスがいると信じられていました。陰陽思想（偶数は陰、奇数は陽）では「陽の太陽」に二本足の陰のカラスがいることは許されないので、カラスの足は三本です。この思想が日本にも伝わり、三本足の八咫烏（ヤタガラス）が誕生したわけです。弓の名手の羿は太陽を射ったのではなく、この太陽の中にいる三本足の金色のカラスを射落としたのです。

中国関連で登場するトリには鳳凰や朱雀がいます。日本にも伝わりましたが、これらは想像上のトリです。

日本神話とトリ

日本神話にも数多くのトリが登場します。これを確認できる手立てのひとつとして日本書紀があります。

わが国最古の国家史書である日本書紀には、驚くほど多くの種類のトリが出てきます。その数は三十種類以上。見方によっては、日本書紀はトリによって彩られている史書と言っても過言ではありません。これは書紀の編者がよほどのトリ好きだったのか、または書紀に関係する当時の人々や社会にとって、トリが特別な存在であったのかとしか思えないくらいの多さです。

わたしはそれぞれのトリが場面、場面で登場する意味、メッセージのようなものがよくわかっていませんが、各トリはひょっとすると必然的に、そこに出るべくして出てくるような気もします。各トリを通しての何らかのメッセージがあり、まだ解明されていない意味がそこにはあるのかもしれません。それが読み解ければ楽しいのですが。

日本書紀に登場するトリなどを確認するには、辻本正教著「鳥から読み解く　日本書紀・神代巻」(2013年　明石書店)と、山岸哲・宮澤豊穂著「日本書紀の鳥」(2022年　京都大学学術出版会)がおすすめです。

日本書紀に登場するトリの中から、わたしが関心を持った何種類かについて取り上げ、日本の神話、神の領域で見られるトリの紹介にしたいと思います。

セキレイ

まず初めはセキレイです。セキレイは日本書紀に最初に登場する記念すべきトリです。日本書紀神代上（巻1）の、イザナギノミコト（伊弉諾尊）とイザナミノミコト（伊弉冉尊）が葦原中国（日本列島）に大地を造る「国生み神話」の中です。

国生みを任されたものの、どのようにすれば大地（子ども）をつくり出せるかを知らなかったイザナギとイザナミは、飛んできたセキレイが首と尾を揺する動きを見て、生殖の方法を学んだといいます。ですからセキレイがイザナギとイザナミの国生み（子づくり）、性教育の先生になったわけです。このことからセキレイは嫁教鳥（とつぎおしえどり）や、恋教鳥（こいおしえどり）などの異名を持つようになりました。

イザナギ、イザナミの二神が国生みで最初に誕生させたと言われる淡路島の淡路市には、二神をお祀りする自凝島神社があります。ここには「鶺鴒石」があります。この石の上でつがいのセキレイが契りを結ぶ様子を見て、イザナギとイザナミが国生みの方法を理解したとも言われています。

セキレイはわたしの家の近くや散歩の最中にもよく見かけるかわいらしい野鳥です。体長は20センチほど。白と黒の配色の、細身の小鳥です。「鶺鴒」という漢字は中国から来ていますが、「背筋を伸ばした美しい姿勢のトリ」という意味だそうです。

確かに背筋を伸ばして姿勢正しく、少し長めの尾を上下にふりふりしながら、チョコチョコと素早く歩き回っています。その姿から「子づくり」を想像できるかどうかはよくわかりませんが。

日本書紀に出てくるこのセキレイが、どの種類だったのかは意見が分かれるところです。日本で見かけるセキレイにはセグロセキレイ、ハクセキレイ、キセキレイ、イワミセキレイがいますが、生息している地域などから推測すると、どうやらセグロセキレイがこの有力候補のようです。ハクセキレイもセグロセキレイと似通った容姿、動きをしますが、ハクセキレイの生息地域は、以前は北海道や東北地方が中心で、関西方面には日本書紀が編まれた当時には生息していなかったと考えられています。

ハクセキレイは近年、南下して生息領域を広げているそうです。セグロセキレイの生息域にもハクセキレイが進出して、縄張りを拡大していると言います。

たぶんわたしが家の近くや散歩コースで目撃するお尻をふりふりするダンスのかわいいセキレイも、今や進出著しいハクセキレイだと思います。

今日ではハクセキレイは関西方面にも生息域を広げているようですから、日本書紀が今編まれたとしたら、編者も登場させるセキレイをセグロセキレイにするか、ハクセキレイにするか、迷ったかもしれませんね。二種はおしりをふりふりする仕草もよく似ているようですから。

セグロセキレイは近年、ハクセキレイに生息領域をおびやかされて肩身がせまくなっているようですが、それを知るとカラスの状況とよく似ているように思われます。

よく見かけるカラスにはハシブトガラスとハシボソガラスがいますが、近年はハシブトガラスが勢いを増し、ハシボソガラスを追いやって生息領域を拡大していることはすでにご紹介しました。もともとは森林にいたハシブトガラスがそこから出て、ハシボソガラスがいる河川敷や農耕地などの領域に進出し、さらには都会へと生活圏を広げていったのです。ハクセキレイがセグロセキレイを追いやっている状況とよく似ているように思えます。

ハクセキレイに押されぎみのセグロセキレイは、自分たちの将来をあれこれ考えて「トリこし苦労」をしているかもしれません。

いずれにしろ、神話に登場するトリからも、見方によっては「時代の波」、「トリの趨勢（すうせい）」を感じとることもできるわけです。


ところでまたまた話がとびますが、セミについても生息領域に関して感じていることがあります。ミンミンゼミとクマゼミに関してです。

わたしが子ども時代を過ごした練馬や関東では、アブラゼミに続いて7月半ばくらいからミンミンゼミが鳴きはじめました。関西や九州を主な生息領域としているクマゼミの声はほとんど聴いたことがありませんでした。ところが近年、関東でもクマゼミの声がよく聴かれるようになったように感じます。

わたしが今、住んでいる千葉でも朝から公園のサクラの木などからクマゼミの大合唱が聞こえてきます。詳しいことはわかりませんが関西出身のクマゼミが、関東出身のミンミンゼミの領域に進出してきているように思えてなりません。ミンミンゼミとクマゼミの攻防があるのかどうかは知りませんが、ついついトリの生息領域の話題からセミの生息領域のことを思い浮かべてしまいます。

トリとは関係ないことですが、同じとぶものの話題としてとんだセミの話になってしまったことをお許しください。

ニワトリ

日本書紀でセキレイの次に登場するトリは鶏（ニワトリ）です。

アマテラスがスサノオノミコト（素戔嗚尊）の狼藉に怒り心頭で、天岩戸にお隠れになったのはみなさんよくご存知のお話ですね。日本書紀神代上（巻1）です。

アマテラス＝太陽が隠れてこの世に光が射さずに真っ暗闇になって困ってしまった神々は、アマテラスを岩戸から導き出す方策をいろいろと考えます。

美しい声で鳴く常世の長鳴鳥（ニワトリ）を連れてきたり、おもしろおかしく踊りを舞う神を登場させたり、アマテラスより貴い神が現れたことにしてアマテラスの姿を映し出そうという八咫鏡を用意したり、岩戸を力ずくでこじ開ける力持ちの神を控えさせたり、あの手この手の策を練って準備を整えます。

さあ、いよいよ作戦開始です。それぞれが持ち味を発揮します。

まずその朝、合図が鳴り響くがごとくに、止まり木に止まってスタンバイしていた常世の長鳴鳥（ニワトリ）が美しい声で長く鳴きます。これは一羽ではなく何羽も連れてこられていたようです。突然、すばらしいファンファーレが鳴り響いたかのようですね。

そしてアメノコヤネ（天児屋根命）が祝詞をあげ、アメノウズメ（天宇受売命）が楽しく踊ります。さらにアマテラスより貴い神が現れたことも告げられます。アマテラスはすばらしく響きわたる声で鳴いた長鳴鳥も見たいし、楽しそうな踊りものぞいてみたいし、さらには自分よりも貴いという神も気になるし……。

これらの仕かけに思わず心を動かされ、ちょっとのぞき見をしたくなったアマテラスは、とうとうがまんできずに岩戸を少し開いてしまいます。

その時です。ここぞとばかりに控えていた力の神であるアメノタヂカラオ（天之手力男神）が岩戸をこじ開けました。

作戦は大成功です。これによって地上に再び太陽＝アマテラスがよみがえり、この世の闇が消え去ったのです。

「めでたし、めでたし。作戦は大成功！」というお話ですが、思わず確かめたくなるようなすばらしい声で鳴いた常世の長鳴鳥（ニワトリ）の功績もかなり大きなものでした。表彰ものの働きだと思いませんか。

「その功績によって、神社には聖なるニワトリが居る（止まる）場所として、必ず鳥居が建てられるようになったのでは」と思ってしまうのはわたしだけでしょうか。

今でこそ人間の都合で食肉のひとつとして大量に飼育されているニワトリですが、かつては食料源としてではなく、尊い神のお使い、聖なるトリとして崇められていたのです。ニワトリは鳴き声で時を告げる重要な役割を果たし、使者となって神様の出現、真意を示すために人と接する聖なる鳥なのです。

このような神のお使い、聖鳥ですので、多くの神社がニワトリを敬い、大切に飼っています。
伊勢神宮の皇大神宮（内宮）はアマテラスをお祀りしています。
20年ごとに行われる式年遷宮ではご神体を新しい正殿にお移ししますが、その「遷御の儀」はニワトリの鳴き声を模した合図ではじまります。これを「鶏鳴三声」と言いますが、ニワトリの声を模して、「カケコー」と三回唱えます。それだけニワトリの存在が重んじられているわけです。伊勢神宮内宮ではニワトリが放し飼いにされていて、「神鶏」と呼ばれて大切にされています。

このほかニワトリを放し飼いなどで飼っている神社には奈良県天理市の石上神宮、埼玉県久喜市の鷲宮神社、栃木県栃木市の鷲宮神社、国立市の谷保天満宮、熊本県人吉市の青井阿蘇神社、名古屋市の熱田神宮、山口県下関市の忌宮神社などがあります。

福岡県福岡市の香椎宮鶏石神社は、全国的にも珍しいニワトリをお祀りする神社です。狛犬ならぬ狛鶏が鎮座して参詣者を迎えてくれます。毎年9月1日には「鶏魂祭」が斎行されます。日ごろ、ニワトリやタマゴの命をいただいてわれわれが生かされていることへの感謝と、鎮魂の祈りをささげます。酉年にはとりわけ多くの人が参拝します。

カワセミ

日本書紀に次に登場するトリはカワセミです。カワセミの漢字は「翡翠」となります。中国ではもともとカワセミのことを「翡翠」の字で表していましたが、時を経るうちに宝石の「ヒスイ」

のことをさす言葉となっていったようです。まさにヒスイのごとく「飛ぶ宝石」です。日本書紀にカワセミが出てくるのは、アメノワカヒコ（天稚彦）が亡くなって葬儀が執り行われた場面です。日本書紀神代下（巻2）です。

「鴗を以て尸者とす」というのがそのくだりです。鴗はカワセミの古名です。尸者は死者に代わって立って弔問を受ける役割です。「立って役目を果たす鳥だから鴗」というところが「いかにも」のはまり役に思えます。

さらにわたしは死者を弔う場にカワセミが登場したのは次のような背景もあるのではないのか、と勝手に推測しています。

古来より中国や日本では死者を埋葬する際に、ヒスイの玉を一緒に入れる風習がありました。ヒスイ玉を死者の鼻の穴などにつめこんだそうです。これはヒスイ玉が持つ呪力を体内に取りこむことで、死者の魂を強く不滅にして、長く子孫を守ってもらいたいという願いがあったからのようです。ヒスイ玉の再生力で死者の復活を願ったという見方もあります。

日本書紀の編者は当然この辺りのことは承知していたでしょう。「翡翠＝ヒスイ＝カワセミ」という構図で、弔いの場にカワセミを登場させたのではないのか、と考えてしまいました。

アマテラスもヒスイの呪力を頼りにしていたようで、乱暴なスサノオの狼藉をはね返すために、ヒスイの勾玉の首飾りをつけていたと言います。

流れから、カワセミ＝ヒスイの呪力や死者の埋葬など、暗い目の話が先にきてしまいましたが、カワセミは本来「夫婦円満を象徴する」おめでたいトリです。

繁殖期につがいとなる前に、オスはメスにとらえた小魚などの獲物をプレゼントします。このプレゼントの質や量を見て、メスはオスの求愛を受けるかどうかを決めるそうです。これを「求愛給餌（きゅうあいきゅうじ）」といいます。プレゼントの内容によってはふられてしまうあわれなオスがいるのかもしれません。「求愛給餌」が成功すれば晴れて円満な夫婦となれるわけです。ちなみに翡翠の「翡」という字はオスを、「翠」はメスを意味しています。

富山県高岡市の有礒正八幡宮（ありそしょうはちまんぐう）では、カワセミが御神鳥となっています。

わたしも実際に自分の目でこの「飛ぶ宝石」を目撃したことが二度あります。

一度目は2001年に転勤で大阪の高槻（たかつき）市に住んでいた時です。高槻市は大阪と京都の中間で、かなりの都会ですが、当時は駅から少し離れると田んぼが広がり、そこに用水路が数多く走っているなど、自然も豊かに残っていました。

その田んぼの用水路沿いの道を散歩している時に、カワセミが水面を飛んでいるのを目撃しました。

もう一度は今から4～5年前に、わが家の近くにある池に注ぐ小川の周辺を散歩している時でした。突然、目の前にカワセミが現れて木の枝に止まりました。あわてて写真を撮（と）ろうとスマホを手に取った瞬間（しゅんかん）に、さっと他所へ飛んでいってしまいました。ほんの数秒間の出来事でしたが、美しい宝石のようなカワセミを目撃できて、その日は朝から幸運が訪れたような、いい気分になれました。

カワセミは地面に横穴を掘って産卵してヒナを育てるようなので、川沿いの土の護岸などが必要です。カワセミがいるということは、まだ自然が豊かである証左なのかもしれません。いつまでも近くでカワセミを目撃できる環境があるといいですね。

カラス

カラスついてはこれまでにもわたしの体験談も含めてかなり取り上げましたが、神武天皇紀（巻3）に出てくる「頭八咫烏（ヤタガラス）」のことをご紹介しないわけにはいきません。

神武天皇が東征（とうせい）した折、熊野の山中で道に迷った一行の前に現れ、案内役をしたのが頭八咫烏です。この出現はアマテラスの差配だったようですが、このヤタガラスの導きによって神武天皇は、吉野を経て橿原（かしはら）にたどり着き、激しく抵抗する大和の豪族・ナガスネヒコ（長髄彦）軍を打ち負かし、大和朝廷（やまとちょうてい）を開いたという言い伝えです。ヤタガラスの案内がなければ、どういう展開になっていたかわかりません。

このヤタガラスのモデルになったカラスの種類が何だったのか、ちょっと興味をひかれるところですね。

咫（あた）は長さの単位で、1咫は17～18センチですから、八咫なら1メートルをかなり超えます。これが全長ではなく頭の大きさだとしたら、もっとすごいサイズです。現実にはそんなサイズのカラスはいないので、八咫は「大きい」という意味でしょう。

大きさは別として、生息領域などから考えると、昔は山の森林地帯を生活拠点にしていたハシブトガラスが有力のような気がします。しかも一羽ではなく集団で現れたのではないかという見方もあります。カラスはとりわけ緊急時には仲間を呼び集めて集団行動を取るので、あるいはそうかもしれません。

カラスは日本書紀の別の場面にも登場します。カワセミのところでご紹介したアメノワカヒコの葬儀で、ある役割を担っています。それは宍人者（ししひと）と言って、弔問者に獣肉（じゅうにく）などを調理して提供する役目になります。

なぜカラスがこの担当だったのか。カラスは雑食で肉類を食するのも厭（いと）わないトリです。肉類の処理能力があるカラスならこの役を平気でこなせると思われたのかもしれません。

熊野の三社やその分社はヤタガラスを神様のお仕えとして崇めています。また京都の上賀茂神社・下鴨神社、奈良県宇陀市の八咫烏神社ではヤタガラスを祭神としてお祀りしています。

また厳島神社では、同神社の鎮座の場所探しに貢献したカラスが大切にされています。

トビ

トビも日本書紀に登場します。トビについては第3章で歌謡曲の「夕焼けとんび」でご紹介しました。この曲からはゆったりと空を舞う、マイペースの「猛禽類らしからぬ猛禽類」という印象を受けていましたが、実はトビは神話の世界ではとても存在感のあるすごいトリなのです。

みなさんは「金鵄勲章」という勲章をご存知でしょうか。字からもわかるように、この勲章にはトビ＝「金鵄」のすごさにあやかろうという意図があります。今はありませんが、かつては軍人への最高位の勲章でした。

この金鵄が登場するのが、先にご紹介した神武天皇の東征の中です。豪族のナガスネヒコが率いる部隊の激しい抵抗に遭い、戦況が不利な時に、この金鵄が飛んできて神武天皇の弓に止まったそうです。光り輝く金のトビがあまりにもまぶしくて、ナガスネヒコ軍は目がくらみ、それを機に強敵を奇跡的に撃破できたと言います。

このような奇跡的なすばらしい現象は古来、中国や日本では「祥瑞応見」と言われています。王の聖徳に天が応えて「瑞」を示すということです。金鵄がまさにこの瑞だったわけです。

瑞がトリであることは多く、白いキジやスズメ、タカ、ウ、ツバメが現れた時などは祥瑞として尊ばれ、献上されることもあったそうです。

トビは再三ご紹介しているアメノワカヒコの葬儀にもお役をいただいています。造綿者という、死者が着る衣服を作る役割です。なぜトビがこの役目にふさわしいのか、その理由についてはよくわかりません。死んだ獲物を漁る印象があるからでしょうか。

トビにはこの「鵄」の字のほかに「鴟」「鳶」の字もあります。

京都の大豊神社の末社の愛宕社には天狗に関係する狛鵄がいて、参拝者を迎えてくれます。「鳶」の字では建設現場などの高いところで巧みに作業に従事する「鳶職」を思い浮かべます。

トビには獲物をさらっていくことから「盗人（ぬすっと）」のイメージもあります。トビは楽器ともご縁があります。和琴のひとつに「鵄尾琴（とびのおごと）」があります。また笛ではトンビ笛もあります。

神使いから盗人まで、トビの評価は大きくとびます。楽器の音色のごとくに多様に乱高下します。

ところでアメノワカヒコの葬儀ではカワセミ、カラス、トビのほかにもカワカリやニワトリ、ミソサザイが役割を担っています。なぜこれほど多くのトリがアメノワカヒコの葬儀に登場するのか。漢字にも詳しい、「鳥から読み解く　日本書紀・神代巻」の筆者の辻本正教氏は、「アメノワカヒコ（天稚彦）の『稚』という字からしても自身がトリだった」という解釈をされています。

このほか、日本書紀に登場する印象的なトリとしては、ヤマトタケル（日本武尊）が戦死した後に姿を変えたというハクチョウや仁徳天皇御陵にまつわるモズなどもいます。

神社で大切にされているトリとしてはニワトリやカラス以外にも八幡宮のハト、亀戸天神社のウソ、鷲子山上神社（とりのこさんしょうじんじゃ）のフクロウ（不苦労）などもいます。

仏教の中のトリ

仏教にもトリが登場します。インド神話のところでガルダを前身とする神鳥で、仏教の守護神となった迦桜羅はご紹介しました。

　この迦桜羅は仏教を守護する天竜八部衆の一員ですが、鳥頭人身で口から金の火を吹き、赤い翼を広げると336里（約85キロ）にも達するといいます。横笛を吹く音楽神でもあります。日本の天狗にも関係しています。

緊那羅も天竜八部衆の一員です。美しい歌声のトリを神格化した、やはり仏法の守護神です。帝釈天に仕える楽神・歌神で鼓を打ち、笛を吹きます。タイでは女神キンナリーです。

乾闥婆も八部衆の一員で、緊那羅と同じく帝釈天に仕える楽神・香神です。香だけを食べ、音楽を奏で蜃気楼をつくり出すと言われています。神医でもあります。

「仏説阿弥陀経」には仏法を説き広めるために、阿弥陀仏が姿を変えたという「浄土の六鳥」が出てきます。美しい声で昼夜に三度鳴くと言われています。

六鳥は白鵠、孔雀、鸚鵡、舎利、迦陵頻伽、共命です。

白鵠はハクチョウや天鵞、またはコウノトリなどと考えられます。孔雀は見た目の美しさもあ

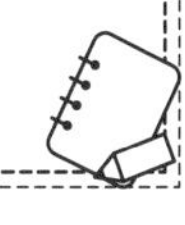

りますが、毒虫（煩悩　ぼんのう）などを食べる益鳥でもあります。鸚鵡は人の言葉を理解するかしこいトリです。

舎利はキュウカンチョウ（九官鳥）の一種で、やはり人の言葉をしゃべります。迦陵頻伽は想像上のトリですが、タマゴの殻の中にいる時から比類なき美しい声で鳴くと言います。顔（上半身）は人（美女）、体（下半身）はトリです。共命は命命鳥（めいめいちょう）とも言い、体は一つですが、頭（顔）が二つある想像上のトリです。

ウグイスの鳴き声の「ホー、ホケキョ」が法華経（ほけきょう）を想起させることから、ウグイスは「経読鳥（キョウヨミドリ）」などとも言われます。この「ホー、ホケキョ」と鳴くウグイスの中で、特に優れた鳴き声がくり返される個体は「ムジドリ」と呼ばれていた時代もあったそうです。経文にある無尽意菩薩（むじんにぼさつ）にあやかって付けられた異名だそうです。

どうして優れた鳴き方のウグイスが無尽意菩薩にあやかって「ムジドリ」と呼ばれていたのか。いろいろと調べてみましたがはっきりしたことはわかりません。わたしの勝手な解釈になりますが、たぶん無尽意菩薩は「尽きることがない知恵を持ち、尽きることなくくり返し衆生（しゅじょう）に満足を与える菩薩」なので、優れた鳴き方で鳴くウグイスもその美しい鳴き声で「尽きることなく、くり返し人々（衆生）に満足を与えることから付いた異名ではないか」と想像しました。

法華経にウグイスは登場しませんが、「諸経の王」と言われる法華経にはその他のトリが何種類も出てきます。

例えば、「三車火宅の譬え」がある「譬諭品第三」では、困難や危険な事態が予想される住まいとして険宅が出てきます。その険宅が火に包まれる（苦しみに満ちた世の中を表す）のですが、その中に、あまり歓迎されていなさそうなトリたちが登場します。

経文に登場するのは「鴟・梟・鵰・鷲・烏・鵲・鳩・鴿」などのトリたちです。

鴟はミミズクまたはトビ、梟はフクロウ、鵰、鷲はワシ、烏はカラス、鵲はカササギ、鳩はハト、鴿はドバトのことです。

このトリたちは魑魅魍魎が跋扈し、今にも崩れ落ちそうな暗い家の中に、火災が起きても閉じこめられたままで逃げられません。そういうおそろしい場面に登場するということは、法華経が成立したとされる西暦40～２２０年ごろの西北インドでは、これらのトリたちがちょっと気味の悪い、暗いイメージの、あまり歓迎されない存在としてとらえられていたのかもしれません。それぞれ持ち味のある素敵なトリたちなので、ちょっとこうした登場の仕方は残念な気がしますが……。

もちろん法華経にも歓迎されるトリたちも出てきます。浄土の六鳥の迦陵頻伽は「化城諭品第七」や「法師功徳品第十九」にも出てきます。命命鳥も「法師功徳品第十九」に登場します。

法華経の結経と言われる「仏説観普賢菩薩行法経」というお経には、「五百の鳥あり、鳧・鴈・鴛鴦、皆衆寶の色にして華葉の間に生ぜり」という経文があります。

鳧はケリ、鴈は大型の水鳥、鴛鴦はオシドリのことです。こちらは見目うるわしい、歓迎されるトリとして登場しています。

釈迦が入滅した様子を描いた釈迦涅槃図(注19)には獅子や象などとともに数多くのトリたちの姿が見られます。迦楼羅や緊那羅、迦陵頻伽、鳳凰なども描かれています。

「鳥の仏教」はチベット語で書かれた経典です。チベット人の仏教徒が大乗経典を模して書いた、インド原典のない「偽経典」ですが、農民や牧畜民などの一般信者に広く読まれています。20世紀初頭にその存在が知られるようになりました。

詳しくは「鳥の仏教」（中沢新一　２０１１年　新潮社）をご覧ください。

カッコウに姿を変えた観音菩薩が、ブッダの最も貴い知恵について語り、セキレイ、ライチョウ、ハト、フクロウなどのトリたちが、幸福へと続く言葉を紡ぎます。

仏教思想のエッセンスがほぼ網羅されていて、それをトリたちが優しく語ってくれます。

「トリと神仏」を取り上げた、この章にぴったりの、トリ満載の経典です。

まったくの私見ですが、わたしは「鳥の仏教」に数多くの種類のトリが登場し、幸福へと続く言葉をいろいろと語るのは、「知恵と慈悲の教え」である仏教の精神が浸透すれば、トリも人も、そして地球上のすべての生物が持ち味を出して共生していけることを暗示しているのではないかと考えてしまいます。

トリは人がついやりがちな「色めがねでものを見る」ことはしません。ただただ自然の摂理に従って、自分に与えられた命をまっとうすべく懸命に生きています。このあとの第7章で「トリがあぶない！」というテーマで、トリの絶滅について取り上げますが、人が「知恵と慈悲」を備えていれば、トリなどの生物の絶滅をかなり回避できる可能性があります。

トリをはじめとする生物がこの地球上で人と共に生きていけるわけです。仏教は知恵と慈悲で「すべてを生かす」教えと言います。そのことを「鳥の仏教」はわたしたちに教えてくれている気がしてなりません。

人間に比べれば断然に弱者でありながら、自然の摂理に従って懸命に生き、命をつなぐトリたちの、幸福への純粋なメッセージが心に響きます。

トリの基本情報説明

⑥ トリの寿命(じゅみょう)

トリが生きられる年数は種によってかなり異なります。

きびしい自然条件のもと、野生で生きた場合の寿命を生態的寿命と言います。理想的な条件下で生きた場合に想定される生理的寿命に比べて生態的寿命はかなり短くなります。

スズメやシジュウカラなどの野生の小鳥類の寿命は平均してわずか1〜2年です。危険がいっぱいの幼鳥期をうまく乗り切り、環境適応ができればもう少し寿命は延びるようですが、体の小さな野鳥はその時、その日を生きるのも精一杯(せいいっぱい)なのです。今、庭にきているスズメが来年も元気にきてくれるかはわかりません。姿、形は同じに見えても個体が入れ替わっている可能性が大です。

わたしが子どものころに飼っていたメジロは小鳥の中では比較的長生きで、野生でも5〜6年生きる個体もいるようです。こちらは今年、庭に置いた果実をついばんだ同じ個体が、それを覚えていて、ひょっとすると数年は顔を見せてくれるかもしれません。

日本人は世界的に見ても長寿で、2022年では男性の平均寿命は81・05歳、女性は87・09歳でした（厚労省が2023年7月28日に発表した令和4年簡易生命表）。この平均寿命を上回って長く生きられるトリは世界中を見てもほとんどいません。

「ツルは千年、カメは万年」と言われ、おめでたい長寿の象徴のツルも、実際の寿命は25年ほどです。ペリカンやガチョウなども同じような寿命です。

長寿の部類に入るのはコンドルやフクロウですが、コンドルでも約60年です。アフリカのサバンナを元気に走り回っているダチョウも50～60年の寿命です。もちろん猛獣などの敵に襲われて命を落とさなければ、の話ですが。

野生であればそうした危険がいっぱいですが、人に飼われているトリは生理的寿命に近く、安全・安心のためか比較的長生きします。飼育されていたヤシオウムは90歳まで生きた個体がいました。このヤシオウムは見事に長生きの日本人の平均寿命をも上回った長寿鳥でした。

主なトリの平均寿命（年数）

種類	年数
コンドル	50～60
ダチョウ	50～60
フクロウ（大型）	40
タカ	30
アホウドリ	30
ペリカン	25～30
ワシ	20～30
ガチョウ	20～30
ツル	25
クジャク	20
キジ	10
ニワトリ	10
ツグミ	10
ウグイス	8
カラス	7～8
ドバト	6
メジロ	5～6
ヒヨドリ	5
コサギ	4～5
カワウ	3～4
ツバメ	2
カワセミ	2
シジュウカラ	1～2
スズメ	1～2

第7章
トリがあぶない！

現在、世界中で見られるトリの種類は約1万種と言われます。それだけの種類がこの地球上にいるのを知ると、トリはこれまで地球上で順調に生息してきたと感じるかもしれません。しかし、実はすでにこの地球上から絶滅して消えてしまったトリは何とその15倍、約15万種類にも及ぶと推測されます。

この地球上からすでに消えてしまったトリのことを「絶滅鳥」と言います。博物学の発展によってより正確に状況を把握できるようになった1650年ころ以降でも、残念ながら約100種がこの絶滅鳥の仲間入りをしてしまいました。

1840年から1945年の約100年の間だけを見ても、40種類以上のトリたちが絶滅に追いこまれてしまったと言います。

共業とトリの絶滅

地球上に大型の生物が誕生したのは今から約5億4000万年前と言われています。それから現在までに地球上では5回の大規模な天変地異、(注20)環境の大変化があって、それによって生物が大量に絶滅したと推測されています。これを「ビッグファイブ」と言います。

その5回目が今から約6600万年前の白亜紀末に起きた天変地異です。直径10キロメートルに及ぶ巨大な隕石が地球に衝突したことによって環境の大変化が引き起こされたと考えられています。

これによって獣脚類恐竜のティラノサウルス類など約70%の生物が死滅しました。獣脚類恐竜のマニラプトル類から進化した現生鳥類の祖先は、この5回目の天変地異をくぐりぬけて生き延びたわけです。

それではこの5回目の天変地異、環境の大変化をうまくくぐりぬけたはずの現生鳥類の中で、その後絶滅に追いこまれた種が数多く出た原因は何だったのでしょうか。

その第1の原因は「天敵の出現」です。それまでわが世の春をおう歌して安心して暮らしていた生息領域に突然、外部から強力な敵が侵入してきて、やがてこの侵略者に打ち負かされてしまった例です。

これは「侵略的外来種の出現」です。そこにいる生物の多様性、自然環境を破壊する恐るべき天敵が突然現れたのです。

自然の摂理の中での天敵の出現であれば、種の存続をかけての対応、進化も考えられますが、問題はこの侵略的外来種の出現が人間によってもたらされたケースです。

未開の地などに人が入植する場合は、人間自体が侵略的外来種に当たるのかもしれません。人間はその思考やふるまいによって、「いつでも、どこでも、だれにでも」侵略的外来種になってしまいます。

　実はこれが後ほどご紹介する、トリを絶滅させた最大の原因なのですが、とりあえず第1の原因では人間の侵略については除外し、人間が連れてきたネコやネズミなどの動物といった外来種が環境を変え、そこにいる生物やトリをおびやかし、絶滅に追いやってしまったことにしぼっておきます。外来種の生物の中には病原菌なども含まれます。


　絶滅の第2点目、第3点目の原因も人間が関与しています。

　第2点目は「人間による狩猟、捕獲」です。人がほとんど無配慮に、トリたちを食料などにするためにつかまえ、その度が過ぎて絶滅に至らしめてしまったケースです。いわゆる乱獲です。

　そして第3点目は「人間による環境破壊」です。人間は意図的か、または知らず知らずのうちにか、自然を破壊しそこで暮らす生物、トリたちを死に追いやってきました。

　トリたちの多くが暮らす森林を伐採し、宅地や農地などに変えていきました。それによって生態系が変わり、トリたちは住む場所を失い、生きていくことができなくなってしまったのです。農業での農薬散布などもトリたちを傷めました。

　仏教では「人類全体、集団としての行為」のことを、難しい言葉ですが「共業」と言います。知らず知らずのうちに人々がやってしまった不幸な振る舞いです。この共業を含めて人間のなせるワザが生物、トリたちを絶滅させる結果となってしまったのです。

　人間による思いやりのない行為によってもたらされた死滅は進化に結び付くことはなく、ただただ無に帰する絶滅あるのみです。人間の身勝手さと知恵のなさ、愚かさ、共業がもたらした最悪の結果だと言えましょう。

これこそが生物、トリたちの最大の敵です。これを何とかしないと、また新たな絶滅が次から次へと起きる懸念があります。今後も最悪の事態＝絶滅が多発してしまう危険があります。

こうした現在も進行する、人間が関与する鳥類を含めた生物の絶滅は、「地球上での第６回目の大量絶滅になっている」と指摘する声が数多く聞かれます。

トリ返しのつかない悲劇のトリたち

具体的に、これまでに地球上から絶滅してしまったトリたちの中から、いくつかのケースについて取り上げてみます。これらはすでにいろいろなところで紹介された事例なので、ご存知の方も多いと思います。

ジャイアントモア ── 警戒がもっと（モア）あれば

まずはじめはジャイアントモアという、ニュージーランドの島（南島・北島）に生息していた大型のトリです。

このトリはオスよりメスの方の体つきがはるかに大きく、最大級のメスは脚から頭の先までが約3.6メートルの高さ、体重が約２５０キロあったと言われています。そう言われてもその大きさにはピンときませんね。

われわれが現実に目にできる最も大きなトリはダチョウですが、そのサイズが高さ約2.3メートル、重さ約１４０キロだそうですから、その比較でジャイアントモアの大体の大きさが想像できそうです。

タマゴの比較からもそのビッグサイズぶりがわかります。ダチョウのタマゴの大きさは縦の長さが約18センチです。ところがジャイアントモアのそれは約24センチ。横幅がダチョウのタマゴの全長と同じ18センチです。

ちなみにジャイアントモアのオスの大きさはダチョウと同じぐらいで、体重はダチョウよりも軽目で、１００キロなかったくらいだったそうです。メスはあまりにも大きく、育雛に向かなかったのか、もっぱらタマゴを温めて孵す役割はオスが担っていたようです。

そう言えば話が横道にそれてしまいますが、国鳥のところでご紹介したキーウィもニュージーランドのトリでした。男女平等で家事をこなす男性は「キウイ・ハズバンド」と言われています。が、もしジャイアントモアが絶滅を免(まぬか)れて生存し続けていたら、同国の国鳥はジャイアントモアになっていたかもしれません。その場合は「キウイ・ハズバンド」ではなくて、「モア・ハズバンド」と言われていたかもしれませんね。何か「モア」で「もっと働くように！」と言われているようで、気分がよろしくない男性もいたことでしょう。

とにかくこのビッグサイズのトリが空を飛んだら、セスナ機が飛んできたのかと思われたでしょうが、残念ながらジャイアントモアは飛翔することはできませんでした。それだけの重さの体を空中に浮かすのは無理でした。ジャイアントモアの翼は退化してなかったそうです。ダチョウもなさそうに見えますが、退化した小さな翼はあります。

ジャイアントモアはあまり天敵もいない環境で生息していたので、飛ぶ必要がまったくなかったわけです。トリであっても敵から逃れるためなどに使っていた翼や羽根も、長い間使わなければ退化というか、進化して無くなってしまうのですね。ジャイアントモアが地球上に生息しはじめてからの年数は4万年以上だったらしいので、その間に使わなかった翼や羽はすっかり無くなってしまったわけです。

その代わり、ジャイアントモアは鍛えられた強じんな脚を持っていました。万が一、敵に襲われるようなことがあれば、この脚力が生み出す時速50キロに及ぶスピードで逃げられました。

こんなビッグサイズのトリを襲う敵などいないはずですよね。ところが何とこのジャイアントモアを襲っていたらしい別のトリがいたようなのです。それはハーストイーグル（別名ハルパゴルニスワシ）という猛禽類です。

ハーストイーグルもジャイアントモアを襲うと言われていた猛禽類ですから大きいことは大きいのですが、ジャイアントモアの大きさにはかないません。ハーストイーグルもやはりメスの方が大きく全長は約1.5メートル、体重は約15キロ。翼の大きさは2.6〜3メートルぐらいだったと言います。

このサイズの猛禽類が時速50キロで走るジャイアントモアを襲うことができたのか？

絵的にも、話としてもおもしろいのでそのように伝えられていますが、どうやらヒナなどを襲ってはいたものの、成鳥までも襲っていたかどうかは意見の分かれるところとなっているようです。

それではジャイアントモアがハーストイーグルに滅ぼされたわけではないとすると、だれが絶滅に追いやってしまったのでしょう。

実はそれはニュージーランドの原住民であるマオリ族です。マオリ族がニュージーランドの南島や北島に入植して、ジャイアントモアを食料にするために乱獲したのです。ジャイアントモアはハーストイーグルに対しては天敵として警戒していたものの、それまで見たことがなかった人間、マオリ族には警戒心を抱（いだ）きませんでした。

優しい性格からか、自分から人間を襲うということはなかったそうです。マオリ族はそれをいいことにジャイアントモアに近付き、次から次へと捕獲して食べてしまいました。

トリの中には食べた植物のタネや草の消化を助けるために石を飲みこむ種類がいますが、草食系のジャイアントモアもそうでした。マオリ族はその習性を逆手に取って、熱した石をジャイアントモアの口に押しこみ、やけどをさせて死滅させたと言います。

マオリ族も食べていくためとは言え、ずいぶんとむごいことをしてしまいました。もう少し節度を持って捕獲数を抑えてほしかったものです。そうしていれば、ジャイアントモアが無惨(むざん)な乱獲で絶滅に追いこまれることはなかったわけです。またジャイアントモアが人への警戒心をもっと（モア）持っていたら、あるいは絶滅の事態は避けられていたかもしれません。

ジャイアントモアが地球上に生息して約4万年が経っていましたが、マオリ族が島に入植してからわずか200年ほどの16世紀初頭には、ジャイアントモアは絶滅してしまったのです。

ちなみにジャイアントモアが絶滅して間もなく、天敵とされていたハーストイーグルもマオリ族が襲ったことなどもあり、残念ながら絶滅してしまいました。

ドードー ― 堂々めぐりで日本へも

次に取り上げる絶滅したトリはドードーです。ドードーと言えば、ルイス・キャロルの「不思議の国のアリス」をはじめとする物語や小説、演劇などに数多く登場しているのでよく知られている絶滅鳥ですね。最近はドラえもんなどのマンガ、アニメ、ゲームソフトのキャラクター、題材にもなっている人気ぶりです。

実はドードーは二種類いたと言われていますが、このうちよく知られた種はモーリシャスドードーです。

どうしてそれほど人気があったのか。実際にドードーを見た人は今のこの世にいないはずですが、絵画などで伝えられている容姿がいかにもユーモラスで、不格好ながらなにか親しみが持てる存在だったからでしょう。

サイズはシチメンチョウをやや大きくしたぐらいで全長1メートル、体重は25キロほどだったようです。これも絵画などから想定された体格なので実体は違っていて、もっとスリムで10キロ台の体重だったという見方が有力です。

フードをかぶったような頭からつき出た顔と、先が曲がった巨大なくちばしが目を引きます。翼は小さく、とても飛ぶのには役に立ちません。飛ぶことはできず、のろのろ、よたよたと地上を歩いていたようです。飛んで木の上に行けないので巣も地上につくりました。脚は短くて、羽を丸めたような尾がありました。

こんな容姿、生態だけでも驚かされますが、ドードーがハトの仲間だったと知れば、なおさら驚きます。

「ドードー」の名前はポルトガル語で、こののろのろとした様子から連想された「まぬけ」を意味しているとも、「ドードー」との鳴き声から付いたとも言われます。

ドードーはその「のろまさ」が命取りとなって絶滅しました。

ドードーが生息していたのは今から350年近く前の、インド洋のマダガスカル沖のマスカリン諸島です。

氷河期からそこで生息していたのではないかと言われていますが、最後に野生種が目撃されたのは1681年と言います。

その前、大航海時代の1507年にポルトガル人よって生息地であるマスカリン諸島が発見されました。モーリシャス島もその一部でしたが、関心がうすかったのか、当時のポルトガル人からはあまりドードーの話は聞こえてきません。

ドードーの存在が広く知られたのはそれから90年ほどが経った1598年です。オランダ人が率いる艦隊がモーリシャス島に立ち寄り、ドードーと接触しました。その後、航海日誌が公になり、ドードーの存在が知られるようになったのです。

オランダ人の船乗りたちは食料としてドードーを大量につかまえました。肉はそれほどおいしくなかったようですが、保存食とするために乱獲されたのです。船乗りたちが連れてきたイヌや船で運ばれてきたネズミなども、ドードーのヒナやタマゴを襲いました。

ドードーが暮らしていた島にはそれまで天敵がいなかったので、人などに対しての警戒心が全くなく、船乗り、入植者たちは簡単にドードーをつかまえて食料にしました。

こうして主に航海の保存食として乱獲されたドードーは、1681年にとうとう島からというか、地球上から姿を消してしまったのです。氷河期から悠々と生き続けてきたドードーは、発見されてからわずか90年という短い間に、侵略してきた人間によって滅ぼされたのです。

ところで、このドードーが日本にやってきていたという話があります。詳しくは川端裕人著「ドードーをめぐる堂々めぐり」（2021年 岩波書店）をご覧ください。

江戸時代初期の1647年（正保4年）、長崎・出島のオランダ商館にモーリシャス経由で着いたオランダ船に乗せられて運ばれてきました。オランダ商館長日記にドードーを日本に運んだことが記載されています。ただ日本に着いてから先の記録が定かでなく、その行方がなぞに包まれたままになっています。

オオウミガラス ― つきがなかった元祖ペンギン

次は「元祖ペンギン」のお話です。わたしたちが知っているペンギンは現在、南極大陸など南半球に生息していますが、その昔、北極圏や北大西洋にも「ペンギン」と言われたトリがいたのです。

「オオウミガラス」という海鳥です。このオオウミガラスが絶滅したことで現在のペンギンは「南極ペンギン」から「ペンギン」に昇格したのです。昔と言ってもそんなに古い話ではなく、今から180年ぐらい前のことです。

元祖ペンギンのオオウミガラスが生息していたのはニューファンドランド島やグリーンランド、アイスランド、アイルランド、イギリス、スカンジナビア半島北岸の北大西洋、北極圏の海岸、島です。姿形も現在のペンギンとよく似ていて、全長は約80センチ、体重は5キロほど。海鳥にしては大型で翼は20センチ程度と短く、飛ぶことはできませんでした。

色は頭から背にかけては光沢のある黒でお腹は白。くちばしと目の間に特徴的な白い斑点がありました。この格好で、短い黒い脚でちょこちょこと歩いていたとなると、これは現在のペンギンそっくりですね。

歩くことより水に潜って泳ぐほうが得意でした。得意の潜水泳法でイカナゴなどの小魚をつかまえて食べていたようです。

どうしてこのオオウミガラスが「ペンギン」と言われていたのか。古代ケルト語で「Pen-gwyn」が「白い頭」を意味することか

ら、特徴のある顔の白い斑点が名前の由来になっているのではないか、という説がひとつ。さらにはラテン語の「Pinguis」が「脂肪」を意味することからの名称、という説もあるようです。すでに8世紀ころには人が元祖ペンギンのオオウミガラスをつかまえて脂肪や肉を利用していたそうですから、「脂肪説」がかなり有力かもしれません。

こうした8世紀ころのオオウミガラスの狩猟は大規模ではなく、まだ節度があったので問題にはなりませんでしたが、16世紀ころから様子が変わります。

1534年にフランスの探検隊がニューファンドランド島で1000羽を超える多数のオオウミガラスを捕獲しました。この話がヨーロッパ中に広がったため、欲深い人々が、われもわれもと生息地に元祖ペンギンを求めて押しかけ、乱獲がはじまったのです。

オオウミガラスはおとなしい性格の上に人懐こく逃げることがなかったので、人々は次から次へと簡単に捕獲しました。

そんな乱獲が続けば、数百万羽はいたと言われたオオウミガラスの生息数も激減します。乱獲がはじまってから約200年。1750年ころには北大西洋の地域にわずかな生息領域が残るだけとなってしまいました。

それでも乱獲が止むことはなく19世紀初頭にはオオウミガラスの生息域はアイスランド沖の島・ウミガラス岩礁だけになってしまいました。ここは崖に囲まれた険しい島で、人が容易に近付けない地形でした。オオウミガラスもやっと安住の地を得たかに思えました。

ところが災難は続きます。オオウミガラスはよほど不幸な星のもとに生まれたのでしょうね。

1830年にこの島の海底で火山が噴火して、ウミガラス岩礁が沈没してしまったのです。なんというつきのなさ、不運の連続でしょう。

オオウミガラスはなんとか火山噴火の難を逃れ、わずか50羽ほどが近くのエルデイという岩礁に移り棲みました。

ここで人間がオオウミガラスに救いの手を差しのべ、保護に乗り出していれば、あるいは最悪の絶滅という事態を回避できていたかもしれません。

ところが欲深な人間は、残りわずかなオオウミガラスの生存をも容赦しなかったのです。オオウミガラスの数が減れば減るほど、希少価値が上がることから、はく製などにする要望が高まり、オオウミガラスの最後の一羽までつかまえてしまおうとしたのです。

こうして1844年、元祖ペンギンのオオウミガラスは、人間の追求の手を逃れることができず、不幸にも種の歴史を閉じたのです。その幕を引いたのは、やはり、どこまでも欲深な人間でした。

スティーブンイワサザイ ―「灯台もと暮らし」のネコのえじきに

スティーブンイワサザイというトリをご存知でしょうか？　ニュージーランドの北島と南島の間に位置するスティーブンス島に生息していた、体長10センチほどのスズメ目の小鳥です。その昔はニュージーランドの他の島にも生息していたようですが、絶滅寸前にはスティーブンス島だけに生存していたと言います。

翼は退化しており飛ぶことはできません。夜行性で地上を歩き回り昆虫(こんちゅう)やミミズなどを食べていたようです。

19世紀終わりか、20世紀初めころには絶滅したと考えられています。


これまでご紹介してきたジャイアントモアやドードー、オオウミガラスは主に人間が食用のためなどに乱獲したことで絶滅に追いこまれたのですが、スティーブンイワサザイの場合は人間が持ちこんだネコによって捕食され、死滅するに至ったとされています。

悲劇への始まりは1880年を前後に進められた同島での灯台の建設でした。準備段階を経て、1893年から灯台の建設と農園の開墾(かいこん)などがはじまりました。

翌年から灯台が稼働(かどう)しはじめましたが、このころにネコが持ちこまれたようです。身ごもったネコが逃げ出したという話もありました。野生化したネコはどんどん増え、島内を自由に動き回り、スティーブンイワサザイを格好の獲物として襲ったのです。

かねてからスティーブンイワサザイの標本は存在していて、それを

めぐって関係者の間でのやり取りがありました。しかし生きたスティーブンイワサザイを目にした人はいなかったので、１８９５年に島内で調査が行われました。ところがその時には残念ながらスティーブンイワサザイを発見することはできませんでした。恐らくそのころにスティーブンイワサザイは絶滅したのではないかと推測されています。

ネコがスティーブンイワサザイを捕獲し絶滅に追いこんだ犯人だったわけですが、そのネコを島内に持ちこんだのはやはり人間でした。島での灯台建設がもとで、ネコが持ちこまれ、そのネコがスティーブンイワサザイの天敵となったのです。

その責任を感じてか、その後、野良ネコの駆除が熱心に行われました。

そして１９２５年には島内から野良ネコが一掃(いっそう)されました。

しかし時すでに遅(おそ)し。スティーブンイワサザイが絶滅したとされる時期からすでに30年もの月日が経っていました。

ネコを野に放てば野良ネコとなり、飛べない野鳥が犠牲になるぐらいは察しが付く話なのではないでしょうか。

人間の配慮のなさが貴重なスティーブンイワサザイを、そしてさらにはネコの命までをも奪ってしまったわけです。

リョコウバト ― 良好な関係つくれず

絶滅鳥の紹介の最後は、またもや人間が食べる目的で乱獲したケースです。それも極端(きょくたん)なレベルで、「食べつくした」という表現が当たっているぐらいの乱獲ぶりです。とにかく50億羽もいたトリが、食肉用に手当たり次第に捕獲され絶滅してしまったのですから。

食べつくされてしまったトリの名前はリョコウバト（アメリカリョコウバト）です。

リョコウバトは北米大陸の東海岸に生息していました。夏場をカナダ南部で過ごし、冬場はメキシコ湾で越冬するため、年に二度も渡りを行い、旅をしていました。そのことからリョコウバトと名付けられたわけです。別名ワタリバトとも言います。数千年前からこの地に生息していたのではないかというトリです。

その生息数は驚異的で、18世紀ころには何と50億羽を超えていたそうです。60億〜90億羽いたのではないかという見方もあります。とにかく野禽の生息数としては記録的な多さです。

たぶん生息地域の自然がとても豊かで、エサだった実がなるカシ

やブナ、クリなどの木々が辺りいっぱいに繁茂（はんも）していたのでしょう。強力な天敵もおらず、安心して暮らせていたので、それだけの数になったのです。

リョコウバトは集団で行動する生態で、１億羽を超える群れで渡りをしていました。実はこの集団行動がつかまえる側からは極めて好都合で、後々命取りになってしまうのです。

万が一、リョコウバトの渡りに遭遇してしまうと、数日間は空に暗雲が立ちこめたような状態になったそうです。通過中からおびただしい数の「落とし物」もありました。

ところが長い間、安心して生活していたリョコウバトの身に災難が降りかかってきます。

そのきっかけは１４９２年10月のコロンブスのアメリカ到達、いわゆる新大陸発見です。それを機にヨーロッパから多くの移民がやってきました。入植者たちはよりよい暮らしを求めてアメリカ全土に歩を進めていきました。

当然、リョコウバトの生息領域にも進出していきます。そこで入植者たちが目にしたのが、とてつもない数のリョコウバトだったのです。

その日食べるのにも困っていた入植者たちにとっては、リョコウバトは手っ取り早く確保できる恵みの食料でした。しかもその肉が美味となるとこんなにすばらしいごちそうはありません。とにかく数が多いので棒を振り回わし、銃（じゅう）を打てばいくらでも簡単にごちそうが手に入ります。

入植者の中にはやがて自分たちが食べる分以上にリョコウバトをつかまえて、塩づけにして出荷し、商売で儲（もう）ける者まで出てきました。肉だけでなく、羽毛布団の材料として利用する者もいました。

ちょうどそのころ、鉄道が通り、電報も普及するなどで、商売をするには好都合の世の中になりはじめていました。これもリョコウバトにとっては不運でした。

入植者は開拓を進め、リョコウバトが暮らす森も容赦なく伐採しました。これも集団で営巣するリョコウバトとっては痛手となりました。

「つかまえても、つかまえても減ることがない」と思われていたリョコウバトでしたが、人間の際限なくふくらむ欲望にはかないません。１日に１万羽、２万羽という規模で捕獲されることもあったそうです。

その結果、リョコウバトは19世紀半ばから後半にかけて、急速に数を減らしていきます。それでもなお、人々の欲望は抑えられず、保護の必要性が叫ばれる一方で、捕獲への手は緩みませんでした。

19世紀の終わりごろにはリョコウバトの巣を野外で見かけることはほとんどなくなりました。そして１９００年代はじめに野生の１羽が確認された以降は、リョコウバトを屋外で見ることはなかったそうです。

さらに１９１４年に動物園で飼われていた最後の１羽（マーサ）が死んで、リョコウバトは種としての最期を迎えてしまいました。

長い間、安心・安全に暮らしていたリョコウバトは警戒心もうすく、強い繁殖力も持ち合わせていませんでした。繁殖期に産むタマゴは１個だったそうです。そのタマゴやヒナまでも奪われてしまえば、繁殖のしようがありません。それでも数の力、集団の力で何とか生息を続けていたわけです。それを人間が無残にも破壊してしまいました。

アメリカにはヨーロッパから移民がくる以前から住んでいた、いわゆる先住民＝ネイティブ・アメリカンの人々がいましたが、彼らもリョコウバトを食料にしていました。しかし先住民はリョコウバトを必要以上にとることはなく、節度を持って対応していたと言います。

ところが入植者たちにはそうした節度はありませんでした。まさにこうした配慮に欠けた欲深で愚かな人間こそがリョコウバトの天敵だったのです。

以上、50億羽もいたトリがこの世から消え去ってしまったショッキングな話でした。

いかに人間の欲に際限がなく、配慮やルールを無視した身勝手な行為が、貴重な生物を絶滅に追いこんでしまうのか、肝に銘ずべき残念な事例、教訓と言えるのではないでしょうか。

絶滅寸前からの復活

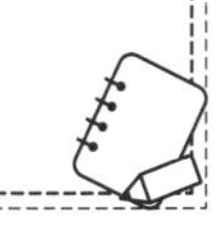

絶滅鳥に関しては時に朗報が舞いこむこともあります。絶滅したと思われていたトリが、奇跡

的に見つかるケースです。

タカヘ ― いないはずがいた

その復活劇の代表例が、タカヘです。

タカヘはニュージーランドに生息するツル目クイナ科のトリ。体長は60センチほどでニワトリぐらいの大きさです。翼は退化していて飛ぶことはできません。山や森、草原などで暮らし、頑丈な脚で地上を歩き回ります。太いくちばしで草の実や茎などをとって食べます。

かつては頻繁に見られたトリでしたが、18世紀末、ヨーロッパからの入植者が増えたころからその数を減らし続けました。彼らが持ちこんだネコなどの動物がタカヘを捕食したことが激減の要因でした。

そうした状況だったので、20世紀前半には絶滅したものと思われていました。ところが1948年に、少数が生き残っているのが発見されたのです。

まさに朗報です。すぐに保護区が設定され、その後も手厚い保護と見守りが続けられています。

今日では種を保護し、繁殖させる技術の質は以前より格段に上がっています。

時折、期待もこめて、絶滅したはずのトリの発見、生き残り情報が発信されますが、ガセネタも多いようです。ぜひ第二、第三のタカヘが出現してほしいものです。

絶滅のおそれがある野生生物のリストのことを「レッドリスト」と言います。国際自然保護連合（IUCN）が作成し、鳥類も対象となっています。現在（2023年）、2017年版が最新です。日本では環境省のほか地方公共団体やNGOなどが絶滅のおそれのある野生生物の種のリスト（レッドリスト）を作成しており、その中に鳥類も入っています。

環境省は2012年度に第4次レッドリストを公表、その後5回の改訂を実施しました。最新の改訂版は2019年度に公表した「レッドリスト2020」です。

レッドリストのカテゴリーなどの詳細は「トリせつ⑦絶滅危惧種のトリ　レッドリスト」をご覧ください。

「レッドリスト2020」には、この本でこれまでに取り上げたトリも絶滅危惧種としてランクされています。

例えば県鳥のところで紹介した沖縄県のノグチゲラは絶滅危惧ⅠA類（CR）です。これはごく近い将来における野生での絶滅の危険性が極めて高いものです。新潟県のトキ、兵庫県のアホウドリも同じカテゴリーです。トキに関しては後ほど改めて記述します。

埼玉県の県鳥・シラコバトは絶滅危惧ⅠB類（EN）に指定されています。これはⅠA類ほどではないが、近い将来に野生での絶滅の危険性が高い種です。

長野県、富山県、岐阜県の鳥であるライチョウも同じく絶滅危惧ⅠB類（EN）です。石川県のイヌワシ、高知県のヤイロチョウも同様のランクです。

北海道のタンチョウ、山口県のナベヅルは絶滅危惧Ⅱ類（VU）の位置付けです。これは絶滅の危険が増大しているトリです。

市町村の鳥として八丈町、三宅村のアカコッコをご紹介しましたが、このトリも絶滅危惧ⅠB類（EN）に分類されています。

サッカーJリーグ・鳥の会のギラヴァンツ北九州のマスコット、ギランは北九州市曽根干潟などに飛来するズグロカモメですが、こちらは絶滅危惧Ⅱ類（VU）にランクされています。

第1章の「トリとわたし　Ⅰ」で取り上げた、小学生の子どものころに目撃して感動したウズラも同じく絶滅危惧Ⅱ類（VU）にリストアップされています。飼養されているウズラではなく、野生種が数を減らしているわけです。もう身近に野生のウズラを目撃することなどは夢物語になりつつあるのです。

第4章「トリと人Ⅰ　—　トリへのあこがれ」でご紹介した、戸川幸夫著の「爪王」に登場したオオタカ、宮沢賢治の著作「よだかの星」のヨタカは準絶滅危惧（NT）の評価です。これは現時点では絶滅危険度は小さいが、生息条件の変化によっては「絶滅危惧」に移行する危険性がある心配な種です。

ハイタカやチュウサギなどもこのカテゴリーにランクされています。

トリの保護、保全などに関しては国際的な組織、団体があります。

1922年6月に設立され、2022年に100周年を迎えたバードライフ・インターナショナルは、国境を越えて移動する渡り鳥などの生態調査を各国の協力団体とともに実施しています。日本では日本野鳥の会などがパートナー団体となっています。

地球規模でトリの絶滅を防ぐには各国の連携、取り組みが欠かせません。国境を越えて移動する渡り鳥にとっては、越冬地はもちろん中継地、繁殖地といった「フライウェイ・サイト」の保全、整備が極めて重要になります。

バードライフ・インターナショナルも4年ごとに世界の鳥類の現状を報告する「State of the World's Birds」を発行しています。

トキ ― 時を経てよみがえる

日本のトキは絶滅鳥となる寸前から復活しつつある、世界的に見ても珍しいケースです。古来より日本に生息していたトキは「桃花鳥(とうかちょう)」の呼称で日本書紀にも登場する、かつては各地で見られたトリでした。しかし明治から昭和にかけて多数が捕獲される一方、農薬使用などで生息環境も汚染されその数は激減しました。1960年に国際保護鳥に指定されたころには野生で生息するトキの数は20羽前後になっていました。

さらに1981年には5羽にまで減ったため、全羽を捕獲して繁殖させる方向となりました。

トキの保護、繁殖に向けて尽力されていた佐藤春雄さんにわたしが佐渡でお会いし、話をうかがったのはちょうどそのころでした。まだ繁殖への道筋は見えていませんでしたが、トキ復活にかける佐藤さんの熱意は並々ならぬものがありました。

結局、日本育ちのトキによる繁殖はうまくいかず、中国に生息していた同じDNAを持つトキを導入することで、人工繁殖への道が開けました。

佐藤さんをはじめとする関係者の努力、中国の協力などによって1999年以降、人工繁殖は成果を上げ、トキは再び佐渡の空を飛ぶようになりました。「トキが時を経てよみがえった」のです。

わたしも2017年に佐渡のトキ保護センターにうかがい、元気なトキたちの姿を目にしました。今では佐渡市の野生下のトキの推定生息数は500羽を超えるまでになっています（2022年現在）。

佐藤さんは2014年12月に亡くなりましたが、トキが佐渡の空を再び元気に飛ぶようになった姿を天国から喜んで見守っているように思えます。

トリの基本情報説明

⑦ 絶滅危惧種のトリ　レッドリスト

カテゴリーの概要は「絶滅」と「絶滅危惧」に大別されます。「絶滅」は「絶滅（EX）」と「野生絶滅（EW）」に分かれます。「絶滅危惧」は「絶滅危惧ⅠA類（CR）」「絶滅危惧ⅠB類（EN）」「絶滅危惧Ⅱ類（VU）」になります。これに「準絶滅危惧（NT）」と「情報不足（DD）」、「絶滅のおそれのある地域個体群（LP）」が加わります。

「絶滅（EX）」の定義は「わが国ではすでに絶滅したと考えられる種」で鳥類の数は最新版では15種が掲載されています。

「野生絶滅（EW）」の定義は「飼育・栽培下、あるいは自然分布域の明らかに外側で野生化した状態でのみ存続している種」で、最新版では鳥類に該当種はいませんでした。

「絶滅危惧Ⅰ類（CR+EN）」は「絶滅の危機に瀕している種」のことですが、「ⅠA類（CR）」は「ごく近い将来における野生での絶滅の危険性が極めて高いもの」で24種、「ⅠB類（EN）」は「ⅠA類ほどではないが、近い将来における野生での絶滅の危険性が高いもの」で31種、Ⅱ類（VU）は「絶滅の危険が増大している種」で43種が最新版に載っています。

「準絶滅危惧（NT）」は「現時点での絶滅危険度は小さいが、生息条件の変化によっては『絶滅危惧』に移行する可能性のある種」のことで、21種が掲載されています。

「情報不足（DD）」は「評価するだけの情報が不足している種」で、17種が載っています。

「絶滅のおそれのある地域個体群（LP）」は「地域的に孤立している個体群で、絶滅のおそれの高いもの」を指し、2種があげられています。

レッドリストの作成は絶滅への警鐘を鳴らし、みなの絶滅回避への意識を高めるために欠かせません。

環境省
鳥類レッドリスト

ちゃっかり ヒヨドリと しっかりツグミ

みなさんはトリに友情があると思いますか？
トリは人と同じように仲間をつくるので、
だれかとだれかの間で
友情が生まれることが
あるかもしれません。

これはヒヨドリとツグミが
あることがきっかけで
仲良しになった、
楽しいトリの友情物語です。

1　出会い

このお話に出てくる主なトリは、ヒヨドリのヒヨくんとツグミのツグくんです。

これからヒヨくんとツグくんが出会って、楽しい物語がはじまりますが、その前に自分のことをそれぞれに少し話してもらいましょう。自己紹介ですね。

はじめにヒヨドリのヒヨくんからです。

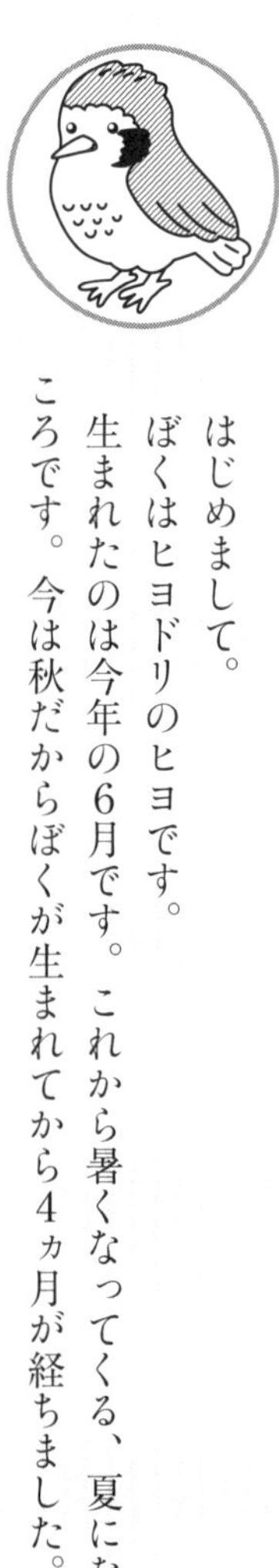

はじめまして。

ぼくはヒヨドリのヒヨです。

生まれたのは今年の6月です。これから暑くなってくる、夏になる少し前のころです。今は秋だからぼくが生まれてから4ヵ月が経ちました。

ヒヨドリは生まれて巣立ちして一人前になるまでがすごく速いんだ。生まれて10ヵ月ぐらいで巣から出られる大きさになり独り立ちします。すごいスピードでしょ！

どうしてそんなに早く大きくなるのかというと、ヒヨドリが生きていられるのは5年くらいだから、すごいスピードで育たないと、アッという間におじいさんになってしまうからなんです。

だからぼくは生まれてまだ間もないけど、今ではもう立派なお兄さんヒヨドリです。

早く巣立ちして独り立ちしたと言っても、はじめは虫などの食べものをうまくつかまえられないのでおかあさん、おとうさんがバッタやセミ、クモ、トカゲなどの食べものをいっぱいつかまえてきて食べさせてくれました。アッ、これでは独り立ちとは言えないか。ハッ、ハッ、ハッ。ぼくは3兄弟で生まれたんだけど、夏の暑い時におかあさん、おとうさんがしっかりお世話をしてくれました。そのおかげで元気に育って木の実や虫など、何でも上手にとって食べられるようになりました。おかあさん、おとうさんにはとても感謝しています。

もう体も大人の大きさになりました。体長は28センチぐらいかな。頭からお腹にかけては地味な灰色ですが、顔のほほのあたりだけが赤銅(しゃくどう)色です。このワンポイントがちょっとおしゃれなので気に入っています。

アッ、もうひとつおしゃれなポイントがありました。頭のてっぺんの毛がまわりより少し長くて冠(かんむり)のようになっています。

ぼくが暮らしているのはサッカー場がある大きな公園の近くです。ここにはぼくの大好きなカキの実がいっぱいなる木があったり、ミツがおいしいツバキやサクラの木がたくさん植わっていたり、セミがいる林もあります。その林の中にある巣でぼくは生まれました。

バッタやコオロギ、クモ、トカゲがいっぱいいる大きな草むらも近くにあって、とてもいい場所です。ぼくにとってここは、どこにも行きたくないお気に入りの棲みかです。ここはぼくの縄張りです。

いい所だからヒヨドリの仲間やほかのトリたちも、ぼくが暮らしているこの場所を取ろうとしていつもねらってくるんだ。

ぼくはそうさせないように追いはらう。この気に入っている所を守るためにずいぶんがんばっています。この縄張りに入ってくるみんなを追いはらうのが、ぼくの毎日の大事なお仕事になっています。


昔、ぼくらのおじいさんたちは食べものがいっぱいある所をさがして、寒い冬になる前に遠くまで移動していたらしいです。これはトリの世界では「渡り」と言います。ぼくもそうだけど、今ではちゃっかりいい場所を見つけて、そこにとどまって棲んでしまうヒヨドリが増えたようなんだ。

ヒヨドリのヒヨだけに「ヒヨ（日和）ッタ」などと言われてしまうけど、どう言われても食べものがいっぱいあって安心して暮らせるところが一番だね。

だから遠くまで動かなくてもいい、食べものがいっぱいあるこの場所を守ることが大事なんだ。わかるかな？

そういういい場所は少ないから、どうしてもそうした所にみんなが集まってしまう。そうすると食べものの取り合いになって争いが多くなる。これはヒヨドリ全体にとってもよくない。

そうならないように食べものがいっぱいあるいい場所が見つからない地域では、今でも渡りを続けている仲間がいるんだよね。

あれあれ、そんなことを言っているうちに、またまた今日もあまり見たことがない変なトリが入ってきたぞ。

あれはたしかツグミとかいう渡りドリじゃないかな？

ぼくの縄張りで自由に動き回らないように、ちょっとおどかしておかないといけないな。

まずはぼくの得意の、わめき攻撃(こうげき)だ！

「ヒーヨ、ヒーヨ、ヒーヨ！　ピーヨ、ピーヨ、ピーヨ！」

「どうだ！　びっくりしたか！　もう一度やるぞ！」

「ヒーヨ、ヒーヨ、ヒーヨ！　ピーヨ、ピーヨ、ピーヨ！」

はじめまして。
わたしはツグミのツグです。
わたしは今年の夏にシベリアで生まれました。

そろそろ寒くなってきた10月半ばに、大勢の仲間とシベリアを発(た)って一気に海を渡って、ついこの間日本に着きました。

みんなで暗くなった夜のうちに目立たないように海の上を飛んで、やっとこの遠い距離(きょり)を渡ってきたんです。飛んだ距離は3800キロぐらいになります。すごいでしょ。

わたしたちツグミは夜でも目がよく見えるので夜間飛行は得意です。夜ならタカなどの天敵におそわれる心配もないですしね。


どうしてわたしたちが日本で「ツグミ」って言われているのか知っていますか?

余計なことをしゃべらないで、口をつぐんで無口だから「ツグミ」だと思われている方もいるようですがそれはちょっとちがいます。

わたしたちは日本には10~11月ころにやってきて、翌年の4~5月ころにはシベリアに帰ってしまうので、夏の時期には日本にいないんです。いなくなれば当然声は聞こえなくなりますよね。ところが、いるはずなのに急に声が聞こえなくなったので、口をつぐんでいると思われて「ツグミ」になってしまったようなんです。

もちろんそれほどおしゃべりではありませんが、夏場のシベリアでは楽しい時期でもあるのでみんなでよくさえずっています。

もし日本の人たちがシベリアでわたしたちを見たら、「あれがあの無口なツグミなの? あんなおしゃべりなトリはツグミではないよ」とびっくりするかもしれませんね。

楽しくさえずっている時は、「キュッ、キュッー」や「キュイ、キュイ」と鳴きます。日本を登つ直前の春先なら運よくこの声を聞けるかもしれませんよ。

日本にいる冬の時期は主に「ジィ、ジィ、ジィ」と地鳴きしています。わたしたちは用心深いので、これは警戒する時の鳴き声なんです。

まあ、まじめでおとなしい方ですけど、けっして無口ではありません。


どうしてこの地を選んだのかって?

それは共にきた仲間が、「食べものがいっぱいあるいい場所があるからそこに行こう」と教えてくれたからなんです。

夜のうちにさらに日本の中をがんばって移動して、やっとさっきここに着いたばかりです。

最初、日本に着いた時は大勢の仲間がいたんですけど、いつの間にかちりぢりばらばらになっていました。

一ヵ所にかたまるよりも、なるべくちらばったほうが食べものをとりやすくなりますからね。


ここはサッカー場がある大きな公園の近くだけど、広い草むらもあって大好きな虫もいっぱいいそう。あのたくさんなっているカキの実もおいしそうだな。わたしははじめてきたけど、何かとってもいい場所みたい。

草むらが広々としているからわたしの得意技の「ぴょんぴょん跳ね」も十分できそうだな。昔は、わたしたちツグミは「鳥馬」とか言われたこともあったけど、別に馬の真似をしてぴょんぴょん跳ねているのではありません。馬がわたしたちの真似をしているのかもしれませんね。

このホッピングが警戒心の強いわたしたちに一番合っているスタイルなんです。昼間は敵も多いからこの進み方が安全です。

跳びはねて、ちょっと立ち止まって、体を反らせば周りがよく見えますからね。別に「だるまさんがころんだ」で遊んでいるわけではありません。

わたしたちツグミの寿命は10年くらいなので、これからしばらく行ったりきたりすることになりますけど、よろしくお願いします。なるべくおとなしくしていますので。

見た目もそれほど派手さはなくて、体全体は暗い茶色です。つばさの先の方はちょっと赤みがかっていますけど。胸からお腹は白っぽい色ですが、ウロコのような黒い模様があるのが特徴です。まあそれでも目立たないほうです。体の大きさは24センチぐらいあります。

とにかくはずかしがり屋で警戒心が強いので、見かけても無視していただければ助かります。

ところで、すごくいい所にきたとは思うんですけど、ちょっとさっきから気になっていることがあります。さっきからジッとこちらをにらんでおどかしている変なトリがいるんですよ。何だろうね、あの変なトリは。

経験豊かな先輩が、「日本には変におどかしてくるやっかいなトリがいるから気を付けろ。でも体の大きさはわれわれと同じくらいだから、無視してぴょんぴょん跳ねで進めば平気だよ。そのトリはほとんど地上には降りないはずだから」と言っていたけど、たぶんあいつのことだな。

確かヒヨドリとか言っていたな。

とにかく地上で虫（ムシ）をつかまえることに集中して、あいつを無視（ムシ）してやろう。

2 おどし

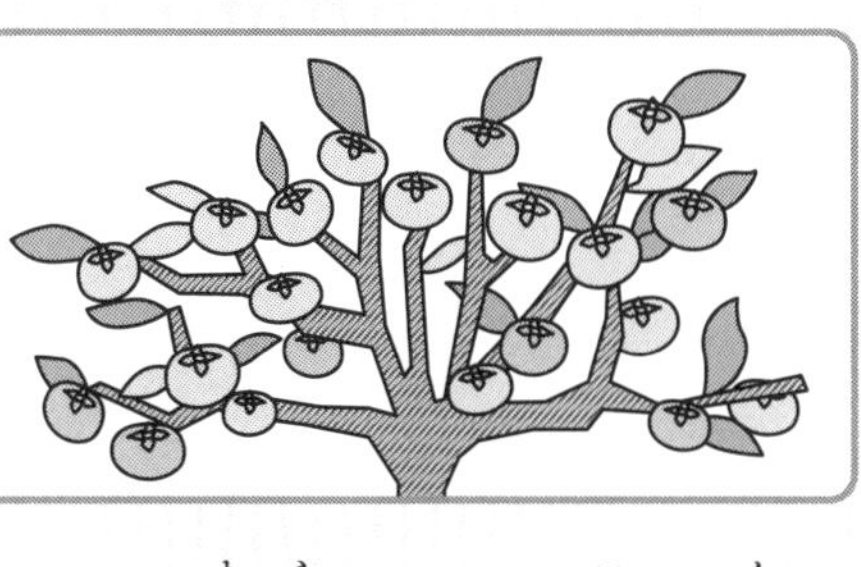

「おい、こらっー！　ここはぼくの縄張りだぞー。君はなんで断りもなく入ってくるんだ！　そこのツグミ！」

ヒヨドリのヒヨくんが草むらに立っているカキの木の上から大きな声でツグミのツグくんをおどしはじめました。

「ピーヨ、ピーヨ、ピーヨ！　ピーヨ、ピーヨ、ピーヨ！」

ヒヨくんは自分の名前の由来にもなっている大きな鳴き声でわめきちらしています。それまで静かだった草むらの周辺が急にさわがしくなりました。

「ヒーヨ、ヒーヨ、ヒーヨ！　ピーヨ、ピーヨ、ピーヨ！」

これでもかというぐらいにヒヨくんのさけびが続きます。

「ほーら、ほーら。はじまったよ、はじまったよ」

ツグミのツグくんは事前に先輩からのアドバイスがあったので、このヒヨくんの大声のおどしはわかっていました。全然あわてる様子がありません。

ヒヨくんのわめき声などまったく耳に入らないかのように、無視して草むらでぴょんぴょん跳ねを続けています。


自分のおどしが全然効いていないようなのでヒヨくんはちょっとあせります。もう一度、さらにボリュームを上げてわめきちらします。

「ヒーヨ、ヒーヨ、ヒーヨ！　ピーヨ、ピーヨ、ピーヨ！」

それでもツグくんはいっこうに気にする様子がなく、静かにぴょんぴょん跳ねを続けています。何かおいしい虫が見つからないか、そちらのほうに集中しているようです。

「虫（ムシ）探しで無視（ムシ）」の姿勢を続けます。とうとうぴょんぴょん跳ねのツグくんがカキの木のほうに近付いてきました。


「これ以上近付けてはまずい！」

さけび声だけでは効果がないと思ったヒヨくんは、今度はツグくんめがけて飛びました。

しかしヒヨくんの飛び方は波形のような、どちらかというとゆっくりとしたスタイルなのであまりおどしになりません。メジロやシジュウカラなどの小鳥を追いはらう時にはそのスタイルでも十分効果がありましたが、体の大きいツグミのツグくんにはまったく効いていないようです。

ツグくんは得意のぴょんぴょん跳ねで進み、難なくヒヨくんの飛行をかわします。そしてツグくんはぴょんぴょん跳ねで助走スピードを上げたかと思ったら、直線的な飛び方でアッという間にそこをはなれて別の木立のほうへ飛んで行ってしまいました。

ヒヨくんの大さわぎのさけび声とはまったくちがう静かさです。飛び方もヒヨくんの波形のゆっくりしたスタイルとはずいぶんちがって、直線的でスピードがあります。

「あいつ、すごいスピードで飛べるんだな。あの助走のようなぴょんぴょん跳ねもスピードがあったし……。なんか地上での戦いも強そうだぞ。体の大きさもあまりぼくと変わらないから、なかなかメジロやシジュウカラを追いはらう時のように簡単にはいかないな。ちょっと手強いトリがきちゃったぞ。まあ、とにかくこっちのカキの木の方にこないで、あっちの木立の方に飛んで行ってくれたからとりあえずはよかったかな」

ヒヨくんは大さわぎでおどしたものの落ち着きはらったツグくんの態度に、ちょっとばかり敗北感を味わっていました。こちらを無視して続けていたぴょんぴょん跳ねにもショックを受けたようです。

一方、ヒヨくんの攻撃（こうげき）をうまくかわしたツグくんはどうでしょうか。はじめてヒヨドリのヒヨくんのおどしを受けましたが、まったく傷付いていませんでした。

「先輩が言っていたとおり、おどかしてきたけどたいしたことはなかったな。飛ぶスピードもゆっくりだし、あれなら追いつかれることはない。ヒヨドリはわたしたちツグミとちがって地上に降りるのが苦手なようだから、ぴょんぴょん跳ねをしていれば、まずはあの攻撃からはのがれられそうだ」

「それに体の大きさもあまりわたしと変わらないし。わたしより縦は長そうだけど、横はわたしのほうがありそうだから体力負けはしないな。まずおそわれることはないだろう」。

「危険がせまったら地鳴きで警戒音を出そうと思ったけど、あのゆるい攻撃ならその必要はなかった」

ツグくんはヒヨくんのはじめての攻撃でだいたいの様子、ヒヨくんの実力を見ぬいたようです。

「あれなら思い切ってカキの木まで飛んでいって、あのおいしそうな実を食べられたかもしれないな」。ツグくんはちょっと残念な気持ちになりました。

ではなぜカキの木のほうに飛ばないで、木立のほうにのがれたのでしょうか。

「それにしても、あのわめきちらすような大きなさけび声だけはかんべんしてほしいな。あんなにうるさい鳴き声はこれまで聞いたことがない。わたしもしゃべらなくはないけど、あんなに大きな声でさけんだりはしないもの。おとなしいツグミにはあのヒヨドリのうるさいさけび声はとてもがまんできない。あのうるささには参ってしまう」

飛びの攻撃は効果的ではなかったのですが、ヒヨくんの騒音級（そうおんきゅう）の「口撃（こうげき）」が、おとなしいツグくんにはそれなりに効いていたのです。

こうしてこの物語の主役のヒヨくんとツグくんははじめて行き会ったわけですが、その出会いはおたがいにほろ苦い、決して喜ばしいものではありませんでした。しかし前向きな出会いではありませんでしたが、おたがいの存在はそれなりに印象には残ったようです。

次の日からツグくんは、ヒヨくんの縄張りのカキの木のある広い草むらからはかなりはなれた、別の小さい草むらを見つけて、そこで食べもの探しにはげみました。これからシベリアにまた帰る4月までの半年間に、せっせと食べて栄養を付けなければなりません。しっかり食べて体力を向上させておかないとシベリアまでの長旅にたえられませんから。

小さい草むらにもツグくんの大好きなバッタやコオロギ、クモ、トカゲなどがいっぱいいました。近くの地面を掘(ほ)ればおいしいミミズも出てきます。

タカやヘビなどの注意したい敵は見当たりません。これなら「ジィ、ジィ、ジィ」という警戒の地鳴きを出す場面は少なそうです。

実はちょっと昔には、ツグミの一番の敵は人間でした。

人間は霞網(かすみあみ)という見えにくい道具を使ってシベリアから渡ってきたツグミをつかまえて焼いて食べていました。

霞網はトリの中でも目のいいツグミでもさけられないおそろしい道具です。せっかく遠路はるばる長旅で日本に着いたものの、多くの仲間が霞網に引っかかり、そして焼き鳥にされてしまいました。

しかし今は日本でも鳥獣保護の体制が整えられて、ツグミをつかまえて食べることができなくなりました。その点ではツグミもやっと安心して日本に渡ってこられるようになったわけです。

この公園の周りにも人間がいますが、ツグミに手を出してくる人はいないようです。

時々、双眼鏡でのぞいて熱心にバードウオッチングをしている人はいますが、危害を加えることはなさそうです。

どうやら公園の周辺はバードウオッチングにはもってこいの場所のようです。自然が豊かなのでいろいろな種類のトリが集まってきます。

ツグくんも小さい草むらに移ったちょっとの間にムクドリやモズ、キジバト、カラス、スズメ、カワラヒワ、キビタキ、ハクセキレイ、メジロ、シジュウカラ、ヒバリなど多くの種類のトリたちを見かけました。時折、遠くの方からキジが鳴く声も聞こえてきます。

いくらヒヨドリのヒヨくんが縄張りを主張してにらみを利かせているつもりでも、トリたちの出入りは自由なのです。

霞網でツグミをつかまえて焼き鳥にして食べていた、あのおそろしかった人間も、もう今では敵ではなくなりました。

バードウオッチングで観察されることなど、つかまえられて焼き鳥になることに比べればどうってことはありません。

霞網でツグミをつかまえて食べていたおそろしい人間に比べれば、さっきのヒヨくんの攻撃などはおそれるに足りません。


ツグくんが日本に来てから早くも2ヵ月ほどが経ちました。

シベリアの冬からすれば日本の12月は比べものにならないくらい暖かいのですが、それでも寒さが増して冷えこんでくると草むらの虫たちは土の中にもぐりこんでしまったのか、あまり見かけなくなってしまいました。

小さい草むらだったからか、ツグくんがせっせと虫をとって食べたこともあってか、虫をつかまえるのにかなり苦労するようになりました。

「どうもここにきたばかりのころに比べると虫を見つけにくくなってきたな。この小さい草むらの虫はわたしが全部食べてしまったのかな」

ツグくんは2ヵ月ほど過ごした小さい草むらをはなれて、思い切ってあのヒヨドリのヒヨくんの縄張りのカキの木が立つ、広い草むらに移動することにしました。

「あちらの広い大きな草むらならまだ虫を見つけられるかもしれないぞ」

そしてあの念願のカキの実を食べることができるかもしれません。「まだカキの実はいっぱいなっているのかな？　あのカキは一度も食べていないけどとってもおいしいんだろうな」。ヒヨくんのおどしのさけび、「口撃（こうげき）」はいやだけど、そうかと言って空腹にはたえられません。

空腹のツグくんのお腹がグゥーと鳴りました。

3 危機

ツグくんはヒヨくんの縄張りの広い草むらに行く前に、ちょっとサッカー場近くに寄ってみました。

ヒヨくんの縄張りに侵入（しんにゅう）すると決めましたが、あのうるさい「口撃（こうげき）」を思い起こすと、すんなりとは広い草むらの方に足が向かないようです。

新年になるとサッカー場の周辺は、試合観戦にきた人や家族連れでくつろぐ人などでにぎわっています。

ツグくんはそれまでなるべく人間をさけて、サッカー場には近寄りませんでした。しかし空腹を満たすためにはそんなことは言っていられません。何か草むらにはない食べものが見つかるかもしれません。

何でもいいから今は何とか食べものを探して空腹を満たさなければなりません。

ツグくんは小さい草むらを出て、目立たないように静かなぴょんぴょん跳ねでサッカー場近くにやってきました。そこにあるゴミ箱には、人間がピクニック気分で味わった昼食で出たゴミが捨てられています。

ツグくんはその中からミカンの皮を見つけてついばみました。大好きなバッタやコオロギ、クモ、トカゲ、ミミズなどに比べれば決しておいしくはありませんでしたが仕方ありません。ミカンの皮でもお腹に入れたら少しは空腹が収まります。

しかしそのほかにはツグくんが食べられそうなものは見つかりませんでした。

トイレの横に手洗い場がありました。底の方に少し水がたまっています。人がいないことを確認して、空腹のツグくんはそっと近付いてその水を飲みました。水がお腹に入るとよけいに空腹を感じました。

お腹が空いたツグくんの頭には、あのヒヨくんの縄張りの広い草むらに立つカキの木のおいしそうな実が浮かんできました。

「あの熟したカキの実を思う存分ついばんでみたいな！」

そう思うともうがまんできずに、ぴょんぴょん跳ねのツグくんはスピードを上げてヒヨくんの縄張りである広い草むらの方に向かっていました。

ツグくんがヒヨくんの縄張りに入るのは、はじめておどしを受けたあの時以来です。はじめてヒヨくんと出会った時でもありました。

ヒヨくんのおどしがたいしたことがないことはわかっていたので、それほど緊張(きんちょう)はしませんでしたが、それでもまたあのさけびの「口撃(こうげき)」を受けるのではないかと思うと気が重くなります。

ツグくんはサッカー場に近付いた時以上に目立たないように、あまりぴょんぴょん跳ねをしないようにして広い草むらの中を静かにカキの木の方に進みました。

顔を上げるとカキの木がかなり近くにあります。

カキの木を見上げたツグくんはがっかりします。

何と、あんなにいっぱいなっていた実がひとつもありません。もうカキの実がなっている時期は過ぎてしまったのです。

「何だ！　もうカキの実がひとつもないじゃないか！」

はじめてこの地にきたツグくんにはこれは予想外のことでした。カキの実はずっと木になっているものと思いこんでいました。おいしいカキの実を食べるにはタイミングがおそすぎました。カキの実の食べごろの時期を完全にのがしてしまったようです。

ところで、いつものようにヒヨくんがカキの木の上から縄張りを主張して目をこらして見張っていれば、もうおどしがはじまってもおかしくありません。ところがあのさわがしい「ヒーヨ、ヒーヨ、ヒーヨ！　ピーヨ、ピーヨ、ピーヨ！」というヒヨくんのおどしのさけび声がいっこうに聞こえてきません。

「おかしいな。どうしたんだろう、今日は。好物のカキの実がなくなったので、あのヒヨドリはこの縄張りを捨ててどこかに行ってしまったのかな。それならそれでとってもうれしいことだけど……」

この2ヵ月の間に何か変化があったのかもしれません。

そう思いながらツグくんはカキの木の根元を見ました。するとそこにヒヨくんがいました、いました。見つけました。

カキの木から根元に落ちた実を夢中になってついばんでいます。熟したカキの実が3個ほど地面に落ちています。地面でわき目もふらずにカキの実を食べているからなのか、ヒヨくんにはこっそり進んできたツグくんのことなど目に入りません。

「あぁ、わたしもあの落ちたカキの実でもいいから食べてみたい。きっとおいしいんだろうな。あのヒヨドリ、わき目もふらずについばんでいるな。アッという間に1個を食べてしまった。もう残りは2個しかないじゃないか！」

ヒヨくんがカキの実を夢中で食べている姿を見て、ツグくんはうらやましくなりました。

ツグくんはよっぽどぴょんぴょん跳ねか、低く飛んでヒヨくんにおそいかかり、カキの実を強引に横取りしようかと思いました。いくらお腹が空いていても体力的には負けない自信があります。

しかしそんなことをしたら今度は何倍返しであのうるさい「口撃（こうげき）」が飛んでくるかわかりません。

ツグくんはヒヨくんに見つかってさわがれるだけでもいやなので、あきらめてそっと今きた草むらを引き返そうとしました。

するとその時です。

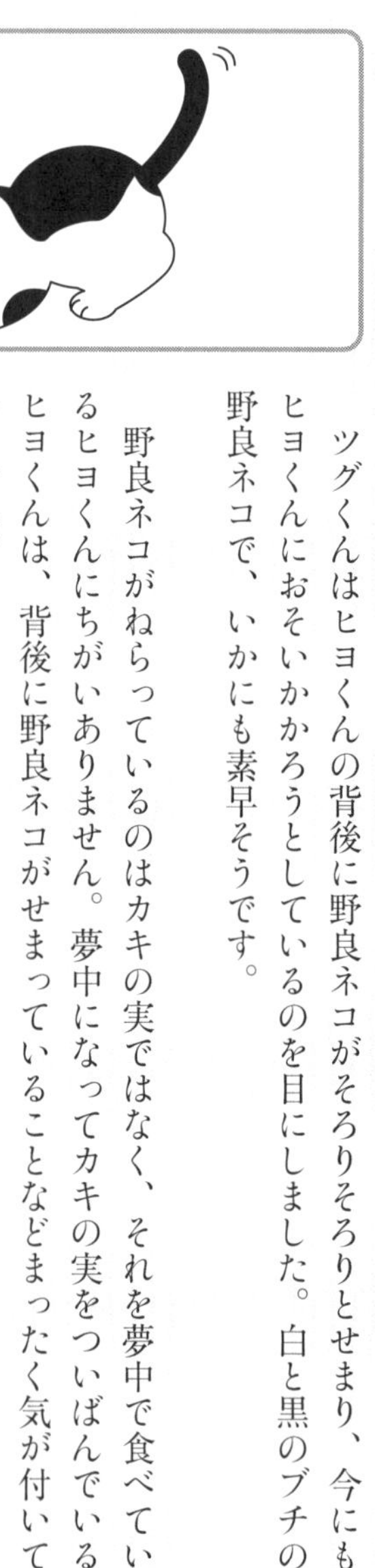

ツグくんはヒヨくんの背後に野良ネコがそろりそろりとせまり、今にもヒヨくんにおそいかかろうとしているのを目にしました。白と黒のブチの野良ネコで、いかにも素早そうです。

野良ネコがねらっているのはカキの実ではなく、それを夢中で食べているヒヨくんにちがいありません。夢中になってカキの実をついばんでいるヒヨくんは、背後に野良ネコがせまっていることなどまったく気が付いていません。

「これは大変だ！　あのヒヨドリが野良ネコにおそわれて食べられてしまう！　どうしよう。このまま見すごそうか……。それとも……」

さんざん意地悪くおどされたヒヨくんを助ける義理はひとつもないのですが、ツグくんはとっさに野良ネコめがけてすごいスピードで、ぴょんぴょん跳ねで進みました。

そして「ジィ、ジィ、ジィ」と激しく警戒の地鳴きをしながらグライダーのように地面すれすれに飛びました。

ツグくんは野良ネコとヒヨくんの間を、「ジィ、ジィ、ジィ」と警戒音を発しながら、計ったように勢いよくサッーと飛びぬけました。

野良ネコはヒヨくんに飛びかかろうとした寸前に、とつぜん「ジィ、ジィ、ジィ」とけたたましい警戒音を発しながら目の前をすごいスピードで通過した飛行物体に大あわてです。「ギャア」と鳴いて後ろに飛び退きました。何が起きたのかわからずパニック状態です。

野良ネコはツグくんのスピード攻撃と警戒音に身の危険を感じたのか、一目散で後ろの方へと退散していきました。


一方のヒヨくんは、しばらくは何が起こったのかよく理解できない様子でボォーとしていました。ジッと固まっています。

とつぜん聞き慣れない「ジィ、ジィ、ジィ」という音の後に、「ギャア」と野良ネコが鳴いたのは耳にしました。どうやら野良ネコが自分におそいかかる寸前で、それをだれかが助けてくれたのではないかとぼんやりと感じ取りました。

とにかく恐怖(きょうふ)に身がすくみ、しばらくはそこから動けなくなっていました。

「自分の後ろをジィ、ジィ、ジィと鳴きながらすごいスピードで飛んでいったものがあったようだけど、あれは何だったんだろう?」

「そうか。野良ネコとぼくの間を、警戒音を発しながらあのスピードで飛べるとしたら、きっとあのツグミしかいないな。そうか。これはきっとあのツグミが危険をおかして危機に直面したぼくを助けてくれたんだ!」

ヒヨくんはやっとツグくんが自分を非常事態から救ってくれたことに気が付きました。それでも、「ぼくからさんざん意地悪くおどされたツグミが、義理もない自分を助けてくれることなどあるのだろうか」と信じられないところもありました。

一方、ツグくんはとっさに取った自分の行動を納得しないままに、また小さい草むらにもどっていました。

「何でわたしはあのヒヨドリに義理もないのに危険をおかしてまであんなことをしたんだろう」となぜかそれは自分でも理解できずになぞでした。

「たぶん野良ネコにおそわれる寸前のヒヨドリを発見した時、それがまるで自分がおそわれる寸前だと思いこんでしまい、それをさけたいために防衛本能が働いてあんな行動になってしまったのではないか」と考えて自分を納得させるしかありませんでした。

「とにかくわたしもあの野良ネコには気を付けないといけない。ここにはタカやヘビがいなくて安心していたけど、まさか野良ネコという敵がいるとは思わなかった。あの野良ネコは危険だな。わたしも気を付けないと!」とツグくんは強く思いました。

「あのヒヨドリはあそこを自分の縄張りと思って主張しているけど、たぶんあの野良ネコもあそこが自分の縄張りだと思っているにちがいない。野良ネコにとってはヒヨドリやツグミ、そのほかのトリは縄張りを荒らす敵なんだ」と、かしこいツグくんは考えました。

「それにしてもお腹が空いているのによくあんな力が出たな」とツグくんは自分でも信じられない気持ちでした。

思わず警戒音を発しながら全速力で飛んでしまったツグくんの腹ぺこのお腹が、またグゥーと鳴りました。

「せっかく思い切ってヒヨドリの縄張りに入ってみたけど、食べものは何も見つからなかった。あんな危ない場面に出会ってしまうし、今日はろくなことがなかったな。さて、この先どうやって食べものを探したらいいのだろう……」

ツグくんは困り果てていました。

4　仲良し

その日の夕方近く、小さい草むらでツグくんがお腹を空かしたままつかれ果てて休んでいると、そこにヒヨくんが訪ねてきました。そんなことはこれまでに一度もありません。

ヒヨくんは自分の縄張り以外でツグくんがいるとしたら、たぶんこの小さい草むらだと推測してきたようです。

ヒヨくんとツグくんははじめて言葉を交わします。

「やはりこの草むらにいたね。休んでいるところをごめん。ぼくはヒヨドリのヒヨだよ。君とははじめて話すけど、ちょっとさっきのお礼が言いたくて……。あれは君だよね。ぼくを野良ネコの襲撃から救ってくれたんだよね」と小さな声ではずかしそうにツグくんに話しかけます。

さんざん意地悪くツグくんをおどかしていたので、堂々とは口を利けないのでしょう。

「だけどどうして危険をおかしてまで野良ネコからぼくを救ってくれたんだい？　ぼくのおどしをさんざん受けていたから、ふつうはぼくをうらみこそすれ、助ける気になんかならないよね。君には何の義理もないはずだし……」。

ツグくんはしばらくだまっていましたが、やがてポツリと言いました。

「わたしはツグミのツグだけど、たぶん君が野良ネコにおそわれそうになっている場面を見たら、なぜか自分のことのように思えて勘ちがいして防衛本能が働いたんじゃないかな」。

「いやいや、ちがう、ちがう。そんなかっこいいものじゃない。たぶんカキの実を君からうばって食べたかったからかもしれない」とツグくんはとまどいながら言います。

「あの野良ネコは最近あの辺りをうろうろするようになっていたからぼくも注意していたんだけど、カキの実を食べるのに夢中になって、ついつい警戒心がゆるんでしまっていたな。あの野良ネコもあの辺りが自分の縄張りだと思っているんだ」とヒヨくんが反省しながら言います。野良ネコも同じくあの辺りを縄張りにしているのはヒヨくんもわかっていたようです。

「とにかく今回はツグくんに助けてもらった。ありがとう！　ありがとう！　あのままカキの実を食べ続けていたら野良ネコのえじきとなってぼくは死んでいたよ」

「いや、お礼なんか言われても……。わたしは別に君を助けるつもりではなくて、たぶんカキの実を食べたかったからなんだ。君がとてもおいしそうにカキの実を食べているのを見たらうらやましくて。たまたまそこに野良ネコがいただけだよ」

「でもあの時、計ったようにぼくと野良ネコの間をすごいスピードで飛んだでしょ。あれはカキの実をぼくからうばうための飛び方ではないな。緊急事態に対応するような飛び方だった。と言ってもぼくはカキの実を食べるのに夢中だったし、その後もこわくてふるえてジッと固まっていたからよく見ていないんだけど……」

「いやいや、あれはシベリアに帰る時のためにスピードを上げて飛ぶ練習をしただけだよ。シベリアに渡る時は敵におそわれることがあるかもしれないし、何が起きるかわからないからね」とツグくんははぐらかします。

その時ツグくんのお腹がグゥーと鳴りました。

「そうか、ツグくん。お腹が空いているんだね！　あんなすごいスピードで飛んで力を使ったらお腹が空くよ。落ちたカキの実がまだ少し残っているはずだからこれから食べに行こう！」とヒヨくんがさそいます。

ツグくんは自分の腹の内を見すかされてしまったので、はずかしそうに、それでもうれしそうに、今度はだまって素直に「うん！」とうなずきました。

カキの木の根元にはまだ2個の落ちた実がありました。

「ぼくはもうさんざん食べたからツグくんがぜんぶ食べていいよ」

お腹が空いていたツグくんは夢中でカキの実をついばみました。それでも時々顔を上げて辺りを見回すことは忘れません。ひょっとするとまたあの野良ネコが近くにやってきているかもしれないからです。ここは野良ネコの縄張りでもありますから。

もう食べごろの時期をとっくに過ぎていましたが、カキの実はツグくんが想像していた以上においしい味でした。

「バッタやコオロギ、クモ、トカゲ、ミミズもおいしいけど、これはまた格別のおいしさだな。これはごちそうだ。だからヒヨくんがあんなに必死になってこの縄張りを守ろうとしているんだ！」ツグくんはヒヨくんがこの縄張りにこだわる理由のひとつがわかりました。

アッと言う間にツグくんは残りのカキの実を食べてしまいました。


「ずいぶんお腹が空いていたんだね。そう言えば最初に出会った時から見るとちょっとやせたんじゃない？　もうしばらくしたら日本からシベリアに帰るのだろうから、いろんなものをいっぱい食べて栄養を付けて、体力を上げておかないといけないでしょう」

「そうだ！　あの小さい草むらでは食べるものがもうないだろうから、この広い草むらに移ってくるといいよ。ここから一緒に食べものを探しに行こう！」とヒヨくんがはりきって提案します。

「でもこの広い草むらでももうバッタやコオロギ、トカゲ、クモなどはたぶんいないだろうし、カキの実も食べてしまったし、この時期はそう簡単に食べものを見つけることなんかできないんじゃないかな」とツグくんは思います。

それを見すかしたかのようにヒヨくんが言います。

「平気、平気。食べものはあるところにはあるんだ。ここから少しはなれた住宅街に行けば、おいしい実がなっている木がいっぱいあるんだよ。そこならこの時期でも食べるものがいっぱいあって、しかも食べ放題なんだ！」

それを聞いてツグくんのお腹がまたグゥーと鳴りました。今夜はごちそうをいっぱい食べる夢を見てしまいそうです。

警戒音を発しながらすごいスピードで飛んだことでのつかれと、カキの実を食べて少しお腹がふさがったことと、そして何よりも、力になってくれそうなヒヨくんと仲良しになれた安心感があって、ツグくんはその夜はぐっすりと眠ることができました。

次の日、ヒヨくんとツグくんはサッカー場近くの公園から少しはなれた住宅街にやってきました。

それぞれの家の庭にはいろいろな木が植わっていて、中にはおいしそうなオレンジ色の実をたわわに実らせた木もあります。

「あれは何という実かな？」。ツグくんがゴクリとつばを飲みこみながらヒヨくんに聞きます。

「あれはイヨカンという柑橘類だよ。ミカンの親戚みたいなものだな」

ツグくんはサッカー場近くのゴミ箱のそばに落ちていたミカンの皮を食べたことはありましたが、柑橘類の実を食べたことはありません。ぜひ食べてみたいと思いました。

「この間、ぼくがつついて穴を開けた実がいっぱいあるはずだから、それなら簡単に中身を食べられるよ」とヒヨくんが得意げにツグくんにすすめます。

ところが、ヒヨくんがつついて開けたイヨカンの実の中身は先客のメジロにすっかり食べられていました。

「残念。メジロの仕業だな。でもまだいっぱいなっているから平気だよ。今すぐ新しい実に穴を開けてあげるよ」

ヒヨくんはするどいくちばしでアッという間に新しいイヨカンの実をついて穴を開けました。

「さぁ、どうぞ！」

ツグくんははじめてイヨカンの実をついばみました。何とみずみずしくておいしい味なのでしょう。カキの実とはまたちがった味ですがこれもごちそうです。ミカンの皮とは比べものになりません。ツグくんはたちまち2個の実を食べてしまいました。

「しかし気になるのはこんなに好きなだけイヨカンの実に穴を開けてついばんでいたら、住んでいる人がおこって追いはらうのではないのかな」

ツグくんは心配しましたがヒヨくんはまったく気にしている様子がありません。「ここに住んでいるおじいさんとおばあさんはやさしい人たちで、ヒヨドリやメジロがイヨカンを食べてもぜんぜん気にしていないんだ。そればかりか庭にリンゴやカキ、ミカンなどを置いてぼくらが食べるのを喜んでくれているんだよ」

「冬の寒い時期に食べものが見つからない時はここにくればいいんだ。ぼくもこれまでこれでずいぶん助かったよ」

ツグくんはヒヨくんからごちそうをいっぱい食べられる、こんな秘密の場所を教えてもらって大満足でした。

ツグくんとヒヨくんはお腹がいっぱいになるまでイヨカンをついばみました。

その様子を住人のおじいさんとおばあさんがそっとのぞいていました。

「あれあれ、おばあさん。今日はヒヨドリとツグミが仲良く並んでイヨカンをついばんでいるよ。こんなことがあるのかね。めずらしいな。ヒヨドリは自分の縄張りを主張して攻撃して、ほかのトリを追いはらうのがふつうなんだけどね。不思議だな」

長年バードウオッチングをしてきた老夫婦の目にも、ヒヨドリのヒヨくんとツグミのツグくんの仲の良さは不思議な光景として映ったようです。

「ヒヨドリのほかにツグミも顔を出してくれるようになったから、庭の台の上に置く果物をもっと増やさないといけませんね」とおばあさんもうれしそうです。

「メジロたちもくるからヒヨドリに追いはらわれないように、台をあちこちに増やしてみよう。より多くのトリが見られるから、これは『よりドリみドリ』だな」とおじいさんもうれしそうに得意のダジャレまで飛び出します。

おばあさんも「トリを見ていると、トリとめなく話が続きそうですね」と応じて笑います。

「そのうちヒヨドリやツグミ、メジロ、シジュウカラのほかにもキジバトやカワラヒワ、ハクセキレイなどもきてくれるかもしれないよ。公園の辺りでバードウオッチングしていた時に見かけたトリが全部くるといいな。ほんと、ここが『トリとめないけどトリとめる』、トリの楽園になるとうれしいね」

どうやらおじいさんも公園近くでダジャレを言いながらバードウオッチングを楽しんでいたようです。

ツグくんがヒヨくんと連れ立って訪れたことで、おじいさんとおばあさんの新たな楽しみが増えたようです。

5　旅立ち

それからヒヨくんとツグくんは毎日のように連れ立って住宅街の家の庭をめぐりました。

イヨカンをついばんだあの家にはイヨカンはもうなくなっていましたが、やさしい老夫婦が相変わらずリンゴなどの果物を庭に用意して待っていてくれました。

「あれ、今日もまたあのヒヨドリとツグミが仲良く顔を出してくれたよ」。老夫婦もヒヨくんとツグくんが訪れるのを楽しみに待っているようでした。

住宅街にはほかにも果物はもちろんお米や豆類などを庭の台に置いてくれている家が数多くありました。ここはトリたちにとっては食べものがいっぱいある楽園そのものでした。おじいさんが公園近くのバードウオッチングで観察したキジバトやムクドリ、カワラヒワ、ジョウビタキなどのトリもこの住宅街で見かけるようになりました。おじいさん、おばあさんをはじめとするやさしい人たちのおかげでトリたちが安心してやってきます。

ツグくんにはご先祖さまが人間によってつかまえられ、焼き鳥にされて食べられてしまったというつらい過去がトラウマのようにあったので、人間への不信感、警戒心がずっとあったのですが、それもこの住宅街を訪れているうちにだんだんと消えていきました。

ヒヨドリとツグミが食べるものはよく似通っていたので、ヒヨくんがすすめるほとんどのものをツグくんも食べられました。

ただツグくんは花のミツをついばんで吸うことにはあまりなじめなかったので、すすめられても応じませんでした。ヒヨくんは「このツバキの花のミツは本当においしいんだ！　ツグくんも吸ってみたらいいよ」とくちばしを花粉で黄色くしながらすすめますが、ツグくんはそれよりもバッタやクモ、トカゲ、ミミズなどのほうが好きでした。

その点メジロは花のミツも吸うし、虫を食べたり果物もついばんだりで、ほとんどヒヨドリと同じようなものを食べます。

ツグくんは、「ヒヨくんがメジロに攻撃をよくしかけているのは、食べるものの種類がほとんど同じだからなのだ」と納得しました。


3月になると草むらにもいろいろな虫が出てくるようになり、ヒヨくんやツグくんのいる地域はいっそう食べものが豊富になりました。

もう12月のころのようにお腹を空かせてひもじい思いをする心配はありません。

ツグくんはいろいろなものをよく食べて栄養が行き届いたせいか、見るからに立派な体格になりました。

ヒヨくんも何でもよく食べて大きいほうですが、それでもどちらかと言うと細身ですらりとしています。それに比べるとツグくんは背の高さはヒヨくんより少し低いのですが、横はばがありがっしりとしています。よく食べていたので、がっしりした体格がいっそうたくましく見えるようになりました。

もういつでもシベリアに旅立ちできそうです。


3月末のある日、ヒヨくんはツグくんに話しかけます。

「ツグくんがシベリアに帰るのはいつごろになるの?」

「気の早い連中はもう日本を発ちはじめているよ。わたしは4月の終わりころに旅立とうと思っています。とにかくヒヨくんと仲良くなれて、この地をすごく気に入ったので、なるべく長くここにいたいからね」

ヒヨくんはちょっとさびしそうに言います。

「どうしてもシベリアに帰らなければいけないのかな? そんなにここが気に入っているなら、いっそのこと帰らないでここにずっと棲んでしまえばいいじゃない?」

「いやいや、そんなわけにはいかないよ」とあわてるツグくん。

「ぼくらのご先祖さまの多くも昔は渡りをしていたけど、今は気に入った土地を見つけてそこにずっと棲んでしまっている仲間が増えたんだ。とにかく食べものが豊富にある、安全なところが一番なんだ! そこさえ見つけることができたらちゃっかりとずっと棲んでしまえばいいんだよ。渡りにはいろいろと危険があるからね。できればさけたほうがいいんだ」とヒヨくんは真顔で話します。

「それはそうかもしれないけど、ツグミにはツグミの生き方の掟(おきて)があって、渡りは絶対にしなければならない決まりなんだ。渡りをやめてしまったら、もうわたしはツグミとして生きていけなくなってしまう。たぶん渡りをしないツグミはいないと思うよ」

「ふーん。やっぱりツグくんはまじめでしっかり者だな。ぼくみたいにちゃっかり日和(ひよ)るところがないもの」

「いやいや、ただただまじめなだけで、ヒヨくんみたいに応用がきかないんだよ」

「まあ、あと1ヵ月。楽しい思い出をいっぱいつくって旅だって欲しいね」

「うん、そうそう。また半年もしたら必ずここにもどってくるからさ。すぐまた会えるよ」


4月中旬のある日、ツグくんは自分だけであの住宅街を訪ねました。もうシベリアに旅立つ日がせまってきています。

ツグくんはイヨカンがいっぱいなっていた、やさしい老夫婦が住んでいる家の庭にきました。

「おやっ、今日はヒヨドリと連れ立ってではなく、ツグミだけがきているね。めずらしいな」と庭をながめていたおじいさんが気付きます。

「あんなに仲がよかったのに、けんかでもしたのかしら？」と心配そうにおばあさんものぞきます。

「いや、たぶんツグミはそろそろシベリアに帰るころだから、きっとわれわれにあいさつをするのでわざわざ顔を出してくれたんだよ。ほら、台の上の果物には目もやらずに、こちらをジッと見ているよ」とおじいさん。

「本当だわ！　何かこちらに向かって頭を上げたり下げたりしてお礼を言っているみたいですね」とおばあさんもうなずきます。

「いかにもまじめでしっかり者のツグミらしいね。これからシベリアへの4000キロ近い長旅だけど、がんばって帰って欲しいな。シベリアまで一気に海の上を飛んで行くのだから大変だろうね。でもはじめてわが家の庭にきてくれたころに比べたら、ずいぶん体も立派になったから心配はなさそうだね」とおじいさんもうなずきます。

「また秋口になったらもどってきて、この庭に顔を出してくれるといいですね。それまでわたしたちも元気に過ごさなければいけませんね」とおばあさんもやさしい眼差しをツグくんに向けます。

「ツグミがいなくなると『つぐない』になってしまうな」。ツグミとのお別れが悲しいせいか、おじいさんのダジャレも意味不明で今日はさえません。

ツグくんもヒヨくんもこのおじいさんとおばあさんのおかげで、食べものにも恵まれて厳しい冬を乗り切ることができました。あのまま空腹でひもじい思いをしていたら、シベリアに帰れるだけの体力も付きませんでした。

そんな思いもあって、ツグくんは何度も何度も頭を上げ下げしました。

おじいさんとおばあさんがニコニコしながらうなずくのを見て、ツグくんは自分のお礼の気持ちがやさしい老夫婦に伝わったと感じました。

最後に得意のぴょんぴょん跳ねをお見せしてそこを後にしました。

「いよいよ明日の夜にここをはなれてシベリアに向かいます。ヒヨくん、本当にいろいろとありがとう。お世話になりました」

4月の終わり、ツグくんがヒヨくんに改まってあいさつをします。

「そうか。とうとうシベリアに帰る日がきちゃったね。ツグくんとはせっかく仲良くなれたのだからずっと近くにいたかったけど、そういうわけにはいかないよね。とにかく元気に無事にシベリアまで帰ってください」とヒヨくんも改まって言います。

「まあ、秋口になったらまたここにもどってくるのだから、わずかの間のお別れだよ。ヒヨくんこそ元気に過ごしてください。とにかく気をぬかないでね。特に野良ネコには気を付けてね！」

「平気、平気。もう地上にはほとんど降りないようにしているから」

「でもあの野良ネコにおそわれそうになった時にツグくんが助けてくれたおかげでぼくは今もこうして生きていられるんだよね。感謝しないとね」

ヒヨくんは野良ネコ事件を思い出し、なつかしそうに言います。

「あの野良ネコ事件がなかったらこんなにもヒヨくんと仲良くなれなかったはずだから、何か不思議だね」

「ツグくんがもどってきたら、今度はこっちから野良ネコにおそいかかってみようか。あいつに仕返しをしてやろう！」とヒヨくんが強がります。

「だめだめ、調子に乗っちゃ！　危ない、危ない」とツグくんがたしなめます。

旅立ちの前までツグくんとヒヨくんは時間をおしむように会話を続けました。特にヒヨくんとツグくんの間で盛り上がったのはおよめさん探しの話題でした。おたがいに結婚（けっこん）の時期をむかえ、よき相手を見つけることは最大の関心事です。

「ヒヨくんはこんなにすばらしい縄張りを持っているんだから、いくらでもおよめさん候補が押しかけてくるんじゃない？　うらやましいよ」

「いやいや、ツグくんの方こそ立派な体格で強そうだからモテモテでしょう。アッと言う間におよめさんが見つかるんじゃないの」

「とにかくいいおよめさんを探して子どもをいっぱいつくらないとね」。それがヒヨくんとツグくんの共通の願いでした。

そして真夜中、ツグくんはそっとシベリアに旅立って行きました。

6　再会

ヒヨくんはツグくんがシベリアに旅立ち、目の前からいなくなってしばらくの間はさびしい思いで気分が落ちこみがちでした。

しかし世の中は春真っ盛り。ヒヨくんも落ちこんでばかりはいられません。

ツグくんとはおたがいにおよめさん探しをがんばって結婚して、子どもをいっぱい育てるという約束をしていましたから落ちこんでなどいられないはずです。

ヒヨドリにとっても春は結婚の季節です。すてきな相手を見つけて子孫を残していかなければなりません。

ツグくんとの別れをおしんでいるうちにヒヨくんはお相手探しから少し出おくれていました。がんばってアピールしないと、いくらすばらしい縄張りを持っていても、およめさんを見つけることが難しくなるかもしれません。

しかしあまり心配することはありませんでした。やはりヒヨくんの縄張りはすばらしい場所なので、次から次へとおよめさん候補が向こうからやってきてくれます。

その中からヒヨくんは自分に合いそうな候補を選んでいきました。そしてついにヒヨコさんの心を射止めることに成功しました。ヒヨくんとヒヨコさんは夫婦になることができました。

やがてヒヨコさんは元気な3姉妹を産みました。ヒヨくんもついにおとうさんになったのです。子どもたちの名前をヒヨミ、ヒヨノ、ヒヨリと名付けました。姉妹の名前の最後の1字だけを見ると「ミ・ノ・リ」になります。

これには果物などのおいしい「実り（みの）」をいっぱい食べて、元気に健やかに育って欲しいという願いがこめられています。

ヒヨくんはヒヨコさんとともに子育てに力を注ぎました。

ヒヨくんもそうでしたが、ヒヨドリは小さいころはなかなか虫などの食べものをうまくとれずに苦労します。親からのきめ細かなお世話が必要になります。

自分も親から愛情を持って育ててもらい感謝していましたから、ヒヨくんも当然のように子育てに熱心に取り組みました。

ヒヨくんの巣は広い草むらの近くの木立の中にありましたが、そこから縄張りの広い草むらまではひとっ飛びです。広い草むらにはバッタやクモ、トカゲなどがいっぱいいたので、ヒヨくんは何度もそれらをつかまえて子どもたちに与えるためにせっせと運びました。そのおかげで子どもたちはみるみる成長していきました。

子育てに追われているうちに暑い夏もアッという間に過ぎていきました。


一方、シベリアにもどったツグくんもすぐにおよめさん探しをはじめました。

日本で栄養満点の食べものをいっぱい食べて立派な体に育ったツグくんは、やはりモテモテの大人気です。

ツグくんはたくさんのお相手候補の中からツグヨさんを選び夫婦となりました。夏になったころ、ツグヨさんは元気な3兄弟を産みました。

3兄弟の名前はツグフミ、ツグトノ、ツグノリです。

こちらも兄弟の名前の最後の1字をつなげると「ミ・ノ・リ」になります。

これはヒヨくんのところと同じ名前の付け方です。やはりこれにも「実り、食べものにめぐまれて元気いっぱい育って欲しい」という願いがこめられています。

実はこれはたまたま同じになったのではなく、あらかじめヒヨくんとツグくんが示し合わせていた結果なのです。

ツグくんがシベリアに旅立つ日に夜おそくまでヒヨくんと話しこんでいましたが、「将来、子どもが大勢生まれたら、実りの多かった日本、やさしい老夫婦が住んでいた実りいっぱいの住宅街を思い起こせるように、子どもの名前に『ミ・ノ・リ』となるように字を入れようね」と話していたのです。実りに恵まれればひもじい思いをすることもありません。

ツグくんもツグヨさんと協力してがんばって子育てをしました。秋口になれば、今度は自分だけではなく、およめさんや子どもたちも連れてシベリアから日本に渡らなければなりません。それには日本まで海を一気に飛んで行けるような、健やかで元気いっぱいの子どもに育て上げなければいけません。

ツグくんも子育てに追われているうちにアッという間に秋口になっていました。そろそろシベリアを発って日本に向かう季節です。

11月上旬、子育てもやっと一段落したヒヨくんは縄張りのカキの木の上から四方をながめています。カキの木にはおいしそうな実がたわわに実っています。

「おかしいな。ツグくんがなかなか現れないな。去年はもうとっくに日本にきていたのに。はじめてツグくんと出会ったのは確か10月だったよな」とヒヨくんは去年のことを思い起こします。

「出会った」と言えば聞こえがいいのですが、それは縄張りに入ってきたツグくんに、はじめて大きなさけび声でおどしをかけた時なのです。これを「出会った」と言えるかどうかわかりませんが……。

ヒヨくんにとってはその時のツグくんは単なる縄張りへの侵入者、敵でしかありませんでした。しかしその後、あの「野良ネコ事件」をきっかけに思いもよらず仲の良い関係になったわけです。

ヒヨくんはカキの木の上から四方を見ながら、そんなことをなつかしく思い出していました。

「それにしても現れないな、ツグくん。何か事情があって日本にこられなかったんだろうか。早くこないとせっかくのカキの実がなくなってしまうのに」

ヒヨくんはツグくんの身を案じて落ち着きません。ヒヨくんのかたわらにはヒヨコさんや3姉妹もいて、好物のカキの実をついばんでいます。


その時です。

「おーい、ヒヨくーん！　こっち、こっち！　今年もやってきたぞー」

なつかしいツグくんの声が北の木立の方から聞こえてきました。

「アッ、ツグくんだ！　おーい、ツグくーん！　やっときてくれたかー。ずっと待っていたぞ！」とヒヨくんはうれしそうに応えます。

ふと見るとツグくんの周りにはおよめさんと3兄弟もいます。みんな、無事にシベリアから海を渡ってこられたようです。

「よかった！　よかった！　やっと会えたね。しかもツグくんだけでなく家族も増えて！」

「みんなよくきてくれたね。ぼくの家族も紹介するよ！」とヒヨくんは大喜びです。

それからヒヨくんとツグくんはおたがいの家族を紹介しながら楽しく交流を続けました。もちろん熟したおいしいカキの実をみんなでいっぱいついばみながら。

ツグくんのおよめさんや子どもたちははじめて食べるカキの実のおいしさにびっくりしています。

実はツグくんもカキの木になっている食べごろの実を食べるのははじめてでした。地面に落ちたカキの実を食べたことはありましたが。

どうして地面に落ちた実を食べるようになったのかを話しているうちに、野良ネコ事件の話題にもなりました。

「とにかく野良ネコには気を付けるように！」とツグくんはおよめさんと子どもたちに注意します。

「平気、平気。野良ネコが出てきたらぼくが退治してやる！」とヒヨくんが強がります。

それを聞いてツグくんは大笑い。ヒヨくんもつられて笑います。

住宅街の老夫婦のおじいさん、おばあさんは11月になってもあのツグミが顔を出さないのでやきもきしていました。

ヒヨドリも顔を出しません。ツグミと共にこられるタイミングを待っているのかもしれません。

「今年は天候不順が続いたからツグミが海の上を飛んでくるのは大変だろうな。ひょっとしたら今年はこられなかったのかもしれないね」

おばあさんも心配そうに庭をながめます。

まじめなツグミのことですから、日本にきていれば必ず顔を出してくれるはずです。

その時です。

庭にぴょんぴょん跳ねのツグミの集団が現れました。

「あれ、おじいさん！　ツグミがきましたよ。きましたよ！　それも1羽ではなく5羽もそろって！」

「そうか！　今年は家族できてくれたか。よかった！　よかった！」とおじいさんもなみだ顔になっています。

そしてイヨカンの木の上にはヒヨドリもいます。ヒヨドリも1羽ではなく5羽になっています。

「そうか！　ヒヨドリも家族連れできてくれたんだ。しかもツグミと家族ぐるみで仲良くしているんだ。うれしいね！」

おじいさんもおばあさんも感激しきりです。

おじいさんはうれしさのあまり「とりあえず『トリ会えず』だったけど、『トリ会えた』！」などと、しようもないダジャレまで言う始末です。

「あの子たちの名前は何と言うのだろうね。ちゃんとヒヨドリやツグミの子どもたちにも名前が付いているんだろうな」とおじいさんがつぶやきます。

おじいさんのそのつぶやきが聞こえたかのように、ヒヨくんとツグくんが口をそろえて何か言っています。

「子どもたちの名前にも『ミ・ノ・リ』をいただきました！」

ヒヨくんとツグくんはやさしいおじいさんとおばあさんにそう伝えたかったようです。

（完）

トリまとめ（おわりに）

みなさん、いかがでしたか？　わたしのダジャレまじりのまじめなトリの話は。

トリとダジャレが好きな奇妙（きみょう）なおじさんが、約60年の間にトリから学んだこと、交流したことなどを「よりドリみドリ」で、ダジャレまじりでつづっていたら、こんな形になったのが本書です。

わたしはトリの研究者でも学者でもないので、みなさんを納得させられるようなトリに関する専門知識をこの本でお伝えすることはできませんでした。しかし一介（いっかい）のトリ好き、バードウオッチャーのおじさんがトリについて見たり、読んだりして感じたこと、学んだことを楽しく素直に表現することを少しはできたのではないかと思っています。

トリがトリもつご縁で本書を手に取っていただいたみなさんにはこの場をお借りして御礼を申し上げます。もし満足度の低い期待外れの内容で、みなさんの心にとまらなかったとしたら、「トリあえず」ではなく、「トリとめなく」おわびしなければなりません。

トリとダジャレの共通点は、やはり「とぶ」ことなのではないでしょうか。もちろんとばないトリ、とべないトリはいますが、多くのトリは空を自由にとんでいます。それが人類のトリへのあこがれのひとつで、人間が空をとぶことを可能にした飛行機の開発につながりました。

ダジャレもとびます。特にその場や人との交流の自由度が高い時、要するに雰囲気（ふんいき）、コミュニケーションがいい時にはダジャレは調子よくとびます。もちろんダジャレがよくとんでも、トリがとぶ時ほどには人々のあこがれの対象にはなりませんが……。

こんな勝手なことを言えて、ダジャレを自由にとばし、楽しくバードウオッチングができるのはすばらしいことです。これは行動や表現の自由があって、戦争がない平和な世の中だからこそできるのです。

また、こうしたことが続けられるのには、第7章の「トリがあぶない！」でも取り上げましたが、トリの絶滅を回避する行動を人が取ることが何よりも重要なのです。

トリ好きのバードウオッチャーにとっては、トリたちが元気でいてくれなければ、自分たちの楽しみ、毎日がなくなってしまいます。

トリもダジャレもとばない、暗い世の中だけはどうしても避けたいですね。

とにかく人はこの地球上を共に生きる、大先輩であるトリに最大級の敬意を払い、よき理解者、保護者にならなければなりません。トリを助けられるのは人だけですから。「人助け」も大事ですが「トリ助け」もお忘れなく！

本書をまとめるに当たっては洋子、登史、愛、瑛史、紗奈からの多大な応援がありました。

そしてわたしの奇妙な思いをご理解いただき、本書を出版していただいたビジネス教育出版社のご担当の高山芳英さん、スタッフのみなさんに感謝を申し上げます。

本書が、楽しくトリをウオッチできる「トリビューーン（特別席）」になったとしたら、わたしにとってはこの上ない喜びです。

注釈（ちゅうしゃく）

注1：「明日使える仕事術　笑談力　～思わず微笑むダジャレ108選～」と題した本を2016年にビジネス教育出版社より出版。このほかに「笑いのPDCAを回そう　笑談力・考動力　～笑いを生む19（いっきゅう）のワザ～」（2018年　ビジネス教育出版社）、「相手ともっと打ち解けるためのコミュニケーション　一瞬で笑わせる技術」（2020年　WAVE出版）のダジャレ関連の三冊をこれまでに出版しています。

注2：W・H・ハドスンは1841年に南米アルゼンチンで生まれた博物学者で小説家。1900年にイギリスに帰化。1922年没（ぼつ）。子どものころから自然を愛したナチュラリストで、鳥を熱心に観察し生態を熟知しました。博物学者ですが鳥類学者と言ってもいいくらいの人です。本書「鳥たちをめぐる冒険」には、はじめて飼ったコウカンチョウをはじめ、数多くの鳥が取り上げられていますが、同著には、登場する主な鳥の索引（さくいん）が掲（かか）げられていますが、その数は何と114種におよんでいます。まさに「鳥たちをめぐる冒険」が興味深くつづられています。同著のほかの主な著書には、

「緑の館」（1972年　岩波書店）、「ラ・プラタの博物学者」（1934年　岩波書店）、「はるかな国とおい昔」（1937年　岩波書店）などがあります。

注3：コンラート・ローレンツは1903年オーストリアのウィーンに生まれました。動物と暮らす中でそのさまざまな行動を観察、研究し、意義を明らかにした動物行動学者です。特に鳥のヒナの「刷りこみ」の解明は同博士の研究の成果によるところが大きいと言えます。著書「ソロモンの指環」（1998年　早川書房）を読むとさまざまな鳥が登場します。ハイイロガンにはじまりワタリガラスやコクマルガラス、ホシムクドリ、ウソ、マヒワ、ロビン、ズアオアトリ、クロウタドリ、ナイチンゲールなどなど。それらの鳥たちとの交流の中で観察した行動や特徴が詳しく語られており興味深く読めます。特に本書をまとめるきっかけともなったハイイロガンは、「ハイイロガン語」という表現が出てくるくらいなので、ソロモンの指輪がなくても同博士にはハイイロガンの言葉が通じていたことがうかがえます。

注4：「トリビア」とは「雑学・豆知識」のこと。わたしが目指したのは、トリに関する雑学・豆知識をダジャレまじりで幅広くまとめた本なので、タイトルを「トリのトリビア」にしようと考えていました。ところがネットで検索していると「トリノトリビア」というタイトルの本がすでに出版されていることが判明。ダブリ感がモロなので、そのタイトルを付けることは即あきらめざるを得ませんでした。この「トリノトリビア」（2018年　西東社）は鳥類学者の川上和人氏と三上かつら氏、川嶋隆義氏が執筆。マツダユカ氏がマンガを担当。「鳥類学者がこっそり教える野鳥のひみつ」

というサブタイトルが付けられているように、身近に見られる野鳥などについてのトリビア（雑学・豆知識）がいろいろな角度から取り上げられています。読んで楽しく、ためになる本です。「トリノトリビア」というタイトルの本がすでにあったことによって、わたしの本のタイトルは「よりドリみドリのトリビューン（特別席）」になった次第です。

注5：「楽しいトリの友情物語」はわたしがバードウオッチングがてらの散歩中に思い付いたヒヨドリとツグミの交流物語です。渡り鳥として春から秋を日本で過ごすツグミと、留鳥・漂鳥として日本で暮らすヒヨドリは、水飲み場などでの混群が確認された例もありますが、ふだんは「われ関せず」ですれ違っています。しかしお互いの心がゆれ動くような事件に直面すれば、「それが引き金（トリガー）となって交流が生まれるかもしれない！」と勝手にわたしが考えてお話に仕立てたのがこの物語です。近くの住宅街に住む、どこかにいるような（？）ダジャレ好きの老夫婦も登場します。実はこの物語を、ある団体が募集したコンテスト（賞）に応募したところ、残念ながら落選しました。主催者側の意向をあまり考えずにダジャレまじりに自由に執筆したところが選外の原因のひとつだったのかもしれません。しかし、それがトリの本をまとめるトリガー（きっかけ）となったので、わたしとしては結果オーライと考えています。ハドスンの本から「鳥には友情がある」ことを知ってさらに意を強くしました。トリの本をまとめることに関しては「鳴かずとばず」の状態でしたが、落選から3年は過ぎませんでした（教訓＝石の上にも3年）。

注6：地球が誕生したのは今から約46億年前と言われています。鳥類の祖先である獣脚類恐竜が誕生し

たのは今から1億4550万年〜2億130万年前の中生代ジュラ紀。そして現生鳥類の祖先の起源は約6600万年前。これに対して人類の起源は約700万年〜500万年前。現生人類の祖先であるクロマニョン人などが誕生したのは約20万年前です。現生鳥類と現生人類の比較でも「6600万年前対20万年前」なので、話にならないぐらいの大差があります。このことからも、この地球上では鳥類は人類の大大大先輩なのがわかります。地球誕生の46億年前から現在までを24時間の時計として換算すれば、鳥類の祖先の獣脚類恐竜の誕生は今から46・5〜62分前にあたります。6600万年前が起源の現生鳥類の祖先は20・46分前に、700万年〜500万年前が起源の人類の祖先は2・191〜1・565分前の誕生となります。さらに現生人類の祖先誕生の20万年前なら、わずか0・0626分=3・756秒前という計算です。現生人類の祖先は「ついさっき生まれたばかり」と言っても過言ではありません。まさに人類はこの地球上では「新参者」以外の何者でもないのです。人類にはそのことに想いをいたす謙虚さが必要なのです。

注7:「鶴の恩返し」は日本の動物報恩譚のひとつ。「鶴女房」という話になっている地方もあります。木下順二作の戯曲「夕鶴」はこの民話がもとになっています。物語のあらすじは、ワナにつかまり傷ついたツルが、助けてくれた人のもとに若い娘として現れ、自分の身をけずって（羽を織りこんで）美しい機を織り、売れる品に仕上げて恩返しをします。「機を織っている様子を見てはならない」という約束を守れずに、のぞき見したことで娘はツルの姿にもどり、去っていくという結末です。木下順二作の戯曲「夕鶴」をもとにした團伊玖磨のオペラ「夕鶴」もあります。日本の動物報恩譚にはツルのほかにキジやカモ、ガン、ハマチドリ、ヤマドリ、ウグイス、ハトなど、いろい

ろなトリが登場する物語があります。それだけトリは身近な存在で、人との交流が昔から各地で盛んだったことがうかがえます。

注8：トリは生息地域や行動などによって種類を分類することができます。この辺りのことは第2章末の「トリせつ②」でもふれています。留鳥は同じ地域で1年を通して生息している身近なトリで、メジロもここに分類されています。しかしメジロは一方で、日本の中を季節によって移動している漂鳥としての評価もあります。これは寒い地域に生息しているメジロの中には、冬場に寒さを避けて暖かい地域に移動している種類がいるからです。この傾向はメジロだけではなく、ヒヨドリやウグイスなどでも見られます。ヒヨドリが「日和って」、漂鳥から留鳥に「変身」「心がわり」している様子を、巻末の「楽しいトリの友情物語」で取り上げています。

注9：「絶滅危惧種」については第7章で詳しく紹介しています。また「トリせつ⑦」でも絶滅危惧種を分類したレッドリストについて取り上げています。メグロもレッドリストの中にランクされています。メグロは戦前には小笠原の七つの島で生息が確認されていましたが、その後、減少が進み、現在ではご紹介したように、母島列島の三島（母島、向島、妹島）でしか見られません。しかも2008年10月に発表された独立行政法人森林総合研究所の調査では、その三島のメグロに行き来き、交流がないことが明らかになっています。今から15年も前の話なので、現状はさらに変化しているかもしれません。野鳥を絶滅の危機から救うには、人がこうした状況をふまえて適切な対応をしなければなりません。そうした臨機応変の対策を取れ、野鳥たちを守れるのは人にしかできない

ことなのです。

注10：「鳥獣保護法」は、現在（2014年5月以降）では「鳥獣保護管理法」となっています。野鳥を愛玩飼養（ペット）の目的で捕獲することは全都道府県で禁止されています。わたしが住んでいる千葉県のホームページを見ても「野鳥は捕まえたり飼ったりできません」というページを設けて注意喚起（かんき）しています。「メジロ、ホオジロをはじめとする野鳥は、その捕獲・飼養が『鳥獣の保護及び管理並びに狩猟の適正化に関する法律（鳥獣保護管理法）』により厳しく規制されております」と明記されています。メジロ・ホオジロといった具体的な野鳥名があるのは、この二種の捕獲・飼養がかつて許可されていた時期があったからなのでしょうが、現在では全面的に禁止されています。「鳥獣保護管理法」は「鳥獣保護法」に比べ、その名称にもあるように、より「管理」の色彩が強くなっています。この法律の効果をより高めるためには、担当する人材の確保・育成や予算措置が重要だと言われています。

注11：トリの鳴き声には大きく分けて「地鳴き」と「さえずり」があります。地鳴きはオス、メス、成鳥、幼鳥のみなが発する本能的な短い声です。仲間内や親子間の合図、コミュニケーション、注意喚起などに使われます。さえずりは主に繁殖期のオスがメスに対して発する求愛の声です。スズメ目のトリの得意ワザです。縄張りを主張する時にも使います。この辺りの話は第3章「トリはなぜ鳴くのか」で説明しています。わが家の庭にも時折シジュウカラが顔を出してくれますが、何羽かの群れできた時は「ツーツーピー、ジュジュジュジュ」などと地鳴きしながら虫などのエサを探してい

ます。春先には電信柱の高いところなどからオスが「ツーピー、ツーピー、ツーピー」とよく響く、すき通るようないい声でさえずります。このすばらしいさえずりの前に、たぶん練習中で、まだ完成していない状態の「ぐぜり」を耳にしたこともあります。

注12：「関東ローム層」は第四紀更新世の火山活動によってできた火山灰起源の赤土の地層群です。関東地方の丘陵や台地を広く覆っています。赤土は鉄分の酸化によるものです。この地層では作物に必要なリンをうまく吸収できないため、農地にするには土壌改良が必要でした。江戸幕府の五代将軍綱吉の時代に、大規模な土壌改良が行われて関東地方に広大な畑作地ができました。練馬大根などの江戸・東京野菜の生産はその改良の成果と言えます。武蔵野台地の畑作地帯には農家の屋敷地や雑木林が設けられました。雑木林は、その落ち葉が土壌改良に一役買うとともに、野鳥の貴重な生息地にもなりました。

注13：サッカー観戦や野外音楽フェスティバルで蘇我駅を利用される方も多いのではないでしょうか。「蘇我」の地名の由来の説について少し。

ヤマトタケル（日本武尊）が東征の途中、船で千葉沖にさしかかった折にワダツミ（海神）の怒りにふれ、暴風雨で海が荒れ進退がままならなくなりました。これを鎮めようと同行の妃のオトタチバナヒメ（弟橘姫）や五人の姫たちが海に身を投げました。そのおかげで嵐は鎮まり、ヤマトタケルは無事に東征を続けられたと言います。

海に身を投げたオトタチバナヒメは奇跡的に千葉の浜に打ち上げられ助かります。そこで「我、蘇り！」と言われたことが蘇我の地名の元になったという説がひとつ。

もう一説は五人の姫たちのうちのひとり、蘇我氏の娘（比咩）が浜に打ち上げられて、里人の助けを受けたご縁から蘇我の地名が付いたという説。スポーツ公園のほど近くには蘇我比咩神社があります。

いずれにしろ、蘇我の地名には日本の神話時代の伝説が秘められているようです。

注14：W・H・ハドスン著の「鳥たちをめぐる冒険」にはすてきな鳥の挿絵が数多く掲載されています。これらの挿絵の中にはトマス・ビュウィック「英国鳥類誌」（Ⅰ・Ⅱ巻）、C・W・ジェドニー「外来の飼い鳥」、ハートウィッグ「熱帯の鳥」（以上財団法人山階鳥類研究所蔵）、A・H・エヴァンス他「鳥類（同研究所柿沢亮三氏蔵）」より、それぞれ復刻したものもあります。わたしは同著に登場するイギリスやヨーロッパのトリたちにほとんどなじみがありませんが、これらの挿絵を見るとその特徴がよく伝わってきます。

注15：小倉百人一首は、藤原定家が交流のあった宇都宮頼綱の依頼によって編纂（へんさん）した秀歌撰です。頼綱の別荘である京都小倉山山荘の襖（ふすま）に飾る色紙和歌として揮毫（きごう）したものです。古今和歌集や新古今和歌集などの勅撰（ちょくせん）和歌集から一人一首の百首をえらびました。一番から百番まで歌番号が付されています。歌人は天皇や皇族、公家、武士、朝廷に仕える女性、僧侶（そうりょ）などさまざまです。１２３５年5月27日に完成しました。通常、百人一首と言えば小倉百人一首を指します。

注16：三橋美智也は１９３０年に北海道上磯郡上磯町で生まれ、函館（はこだて）で育った昭和を代表する歌謡曲の

歌手です。民謡でつちかった伸びのある高音の声とこぶしで多くの人を魅了しました。「夕焼けとんび」のほか、「おんな船頭唄」「リンゴ村から」「古城」「哀愁列車」「達者でな」など多くのヒット曲があります。

注17：ソウシチョウはインド北部からベトナム北部にかけて、中国南部を原産とする外来種の小鳥です。日本では江戸時代からペットとして飼われてきましたが、かご脱けなどで野生化しました。ウグイスは大量飼育が難しいため、中国などから輸入されたソウシチョウが代役を務め、「ウグイスのフン」を生産しています。

注18：「大航海時代」は15世紀半ばから17世紀半ばにかけて、ヨーロッパ人がアフリカ、アジア、アメリカ大陸に向けて大規模な航海を行った時代のこと。地中海交易で利益を思うようにあげられていなかったポルトガル、スペインが先がけ、オランダ、イギリス、フランスなどの国がこれに続きました。新たな交易ルートの開拓を目指したわけですが、航海技術の発展やカトリック教会による新天地への布教・伝道活動なども新航路さがしの背景にありました。インド航路の開拓やアメリカ大陸への到達などの成果を生み、世界の一体化が進みました。見たこともない珍しいトリたちも発見、捕獲されてヨーロッパにもたらされました。これを引き金に乱獲されて絶滅したトリも多くいました。そうしたトリたちにとっては「大航海時代」は「大後悔時代」になってしまいました。

注19：「釈迦涅槃図」は日本の多くの寺にありますが、そこにはトリたちのほかにもさまざまな動物、

生きものが描かれています。中にはムカデなどの虫類が見られる涅槃図もあります。これは釈迦の教え、仏教が「生きとし生けるものを分け隔てなくすべて救う」ということを表しているからと言われます。

動物ではネコが描かれるケースは少ないのですが、京都市東山区の東福寺にある大涅槃図には珍しくネコが描かれています。これは作者の絵仏師・明兆が、絵の具を運んできたネコの労に報いるために涅槃図に描き入れたとされています。わたしもネコ入りの同涅槃図を拝したことがありますが、その大きさに圧倒されました。縦が11・2メートル、横が6メートルもあります。

注20：大型生物の出現以降、地球上で起きた5回の天変地異、環境の大変化、それに伴う生物の大量絶滅を「ビッグファイブ」と言います。1回目は今から4億4000万年前のオルドビス紀末に起き、三葉虫など地球上の85%の生物が死滅したと言います。今から2億5000万年前のペルム紀末期に起こった第3回目は最も規模が大きかったと言います。これによって90～95%の生物が死滅しました。生き延びたのはわずか5%の生物です。そして5回目が今から6600万年前の白亜紀末に起き、恐竜をはじめ生物の約70%が死滅しました。現生鳥類の祖先はそこを生き延びて現在に至っているのです。

人類が引き起こす第6回目の大量絶滅は避けなければなりません。

参考文献・資料

【書籍】
・W・H・ハドスン著「鳥たちをめぐる冒険」（1992年　講談社）
・コンラート・ローレンツ著「ソロモンの指環」（1998年　早川書房）
・川上和人ほか著「トリノトリビア」（2018年　西東社）
・小林桂助著「標準原色図鑑全集5　鳥」（1967年　保育社）
・石田元季校訂「鶉衣」（1930年　岩波書店）
・松原始著「カラスの補習授業」（2015年　雷鳥社）
・松原始著「カラスの教科書」（2016年　講談社）
・松原始著「図解　カラスの話」（2020年　日本文芸社）
・小松左京著「鳥と人」（1992年　ネスコ　文藝春秋）
・細川博昭著「鳥を識る」（2016年　春秋社）
・細川博昭著「鳥と人、交わりの文化誌」（2019年　春秋社）
・セオドア・ゼノフォン・バーバー著「もの思う鳥たち—鳥類の知られざる人間性」（2008年　日本教文社）
・オスカー・ワイルド著「幸福な王子」（1968年　新潮社）

・福井栄一著「名作古典にでてくるとりの不思議なむかしばなし」（2020年　汐文社）
・宮沢賢治著「よだかの星」（1987年　偕成社）
・戸川幸夫著「爪王」（2018年　山と溪谷社）
・椋鳩十著「椋鳩十の野鳥物語」（1995年　理論社）
・椋鳩十著「椋鳩十の小鳥物語」（1996年　理論社）
・かみゆ歴史編集部著「ゼロからわかるメソポタミア神話」（2019年　イースト・プレス）
・吉田敦彦著「一冊でまるごとわかるギリシア神話」（2013年　大和書房）
・トマス・ブルフィンチ著「ギリシア・ローマ神話上・下」（2004年　KADOKAWA）
・杉原梨江子著「いちばんわかりやすい北欧神話」（2013年　実業之日本社）
・かみゆ歴史編集部著「ゼロからわかるエジプト神話」（2019年　イースト・プレス）
・天竺奇譚著「いちばんわかりやすいインド神話」（2019年　実業之日本社）
・かみゆ歴史編集部著「ゼロからわかる中国神話・伝説」（2019年　イースト・プレス）
・宇治谷孟著「日本書紀全現代語訳上・下」（1988年　講談社）
・次田真幸著「古事記全訳注上・中・下」（1977、1980、1984年　講談社）
・山岸哲　宮澤豊穂著「日本書紀の鳥」（2022年　京都大学学術出版会）
・辻本正教著「鳥から読み解く　日本書紀・神代巻」（2013年　明石書店）
・山下景子著「万葉の鳥」（2021年　誠文堂新光社）
・中沢新一著「鳥の仏教」（2011年　新潮社）
・山極寿一　小原克博著「人類の起源、宗教の誕生」（2019年　平凡社）

・佐々木閑著「大乗仏教」（２０１９年　ＮＨＫ出版）
・丸山貴史著「わけあって絶滅しました。」（２０１８年　ダイヤモンド社）
・川端裕人著「ドードーをめぐる堂々めぐり」（２０２１年　岩波書店）
・大室清著「絶滅危惧の野鳥たち」（２０２０年　文一総合出版）
・唐沢孝一著「都会の鳥の生態学」（２０２３年　中央公論新社）

【ＣＤ】

・クレマン・ジャヌカン「鳥の歌」
・ヴィヴァルディ「ヴァイオリン協奏曲集　四季」
・クープラン「恋の夜鳴きうぐいす」
・ベートーヴェン「交響曲第六番　田園」
・ヴォーン・ウィリアムズ「揚げひばり」
・メシアン「鳥のカタログ／鳥の小スケッチ」

memo

・著者略歴・

川堀　泰史（かわほり　やすし）

バードウオッチャー
ダジャレクリエイター

　1950 年生まれ。1974 年早稲田大学商学部卒業。同年 4 月日本経済新聞社入社。東京本社広告局配属。1996 年東京本社広告局マーケティング調査部長、1998 ～ 1999 年社長室、2000 ～ 2001 年大阪本社広告局産業流通広告部長、2002 ～ 2003 年電波本部副本部長、2004 年東京本社広告局総務、2005 年東京本社広告局長、2007 年日経リサーチ常務、2008 年日経 BP アド・パートナーズ社長、2010 年日本経済社社長、2014 年日本経済新聞社顧問、2016 年 3 月同社退社。
　日本新聞協会広告委員会委員長（2005 年度）、日経広告研究所理事（2010 ～ 2013 年度）、日本広告業協会理事（2010 ～ 2013 年度）などを務める。

《主な著作》
・「明日使える仕事術　笑談力　～思わず微笑むダジャレ 108 選～」（2016 年　ビジネス教育出版社）
・「働く方・働く場改革　人と職場を活性化する　笑談力・考動力　～笑いをうむ 19（いっきゅう）のワザ～」（2018 年　ビジネス教育出版社）
・「一瞬で笑わせる技術　相手ともっと打ち解けるためのコミュニケーション」（2020 年 WAVE 出版）

ダジャレまじりのまじめなトリの話
トリがとぶ！ダジャレがとぶ！
「よりドリみドリのトリビューン（特別席）」

2023 年 12 月 24 日　初版第 1 刷発行

著　者　**川堀　泰史**
発行者　延對寺　哲
発行所　株式会社 **ビジネス教育出版社**

〒102-0074　東京都千代田区九段南 4－7－13
TEL 03-3221-5361（代表）／ FAX 03-3222-7878
E-mail▶info@bks.co.jp　URL▶https://www.bks.co.jp

印刷・製本　中央精版印刷株式会社
ブックカバーデザイン　飯田理湖
本文デザイン・DTP　浅井美津

ISBN978-4-8283-1050-3